増補版

自然卵養鶏法

中島 正 著

増補版序

『自然卵養鶏法』が出てから二〇年が過ぎ、その間に一部補足、訂正しておきたい個所が生じたり、読者からの問合せにまとめてお応えする必要を感じたり、養鶏界の情勢変化にどのように対処すべきかの追究に迫られたり、などという理由から、何とか増補版をと切望していたところ、このたび農文協から、本文には手を加えず、最小限の増補を行なう旨通知をうけ、積年の宿望が果されることとなった。

本文は二〇年来、今もそのバックボーンにゆるぎはなく、これに手を加えて改訂版にすることは、むしろ混乱を招くおそれがあるので、本文はそのままに、一部を訂正、補足する増補版の形としたのである。

既に自然卵を始めている人の中には、ベテランの域に達した人も多いのだが、この増補版を多少なりとも参考の一端に供していただければ幸と思うのである。

これから自然卵を始めようという人は、まず本文を先に読み、次いで増補版を読んで頂くようお願いする。

環境破壊と自然の復原力との均衡が保たれていたのは、昭和三〇年までの産業規模と形態であったと言われている。自然卵養鶏はその線まで後退したのである。

「後退と縮小は経営の破綻につながる」という一般の懸念は、しかしわれわれに通用しなかった。むしろ前進拡大路線を走り続けた機械化大型養鶏が、いま存亡の危機を問われているのである。一般の通念に惑わされず、的確に前途を見据えて行かねばならない。

二〇〇一年五月

中　島　正

序

もし「石油と輸入穀物」のいずれかが途絶または不足するならば、大型企業養鶏は壊滅的打撃を受けねばならないであろう。完配とケージによる企業養鶏のシステム化は、骨の髄まで「石油と輸入穀物」によって成り立っているからである。

逆に「石油と輸入穀物」がこれからもあり余るほど大量に供給され続けるならば、大型企業養鶏はそれらの毒素に犯されて自滅の憂き目をみなくてはならないであろう。反自然と人工コントロールはますますエスカレートし、薬づけ養鶏による汚染卵はますます消費者から疎外され、汚染卵の過剰による泥沼不況が生産者の首をしめることとなるからである。

前門の狼、後門の虎、いずれをとるも大型企業養鶏の前途は灰色に閉ざされているのである。

かつては「石油と輸入穀物」は、企業養鶏の躍進を可能ならしめた最大の功労者であったのだが、今やそれは両刃の剣と化した。企業養鶏はかつての功労者それ自身によって、その前途を塞《ふさ》がれようとしているのである。

このとき自然循環型農業の一環として小羽数平飼い自給養鶏を採り入れるならば、いかなる事態に直面しようとも、大自然の続く限りそれは悠久の自立が可能である。

本書はその「小羽数農家平飼い養鶏」について概要を説明したものである。養鶏の企業化とシステム化によってまさに消滅しようとしている平飼い養鶏の技術を、いささかなりとも本書を参考として後代に継承されるならば、これに過ぐる幸はないのである。

昭和五十五年十月

中　島　　正

目次

序

一、農家養鶏のすすめ
——小羽数平飼い養鶏——
1 「自然卵」は復活できるか……九
2 「自然卵」を求める人々……一〇
(1) どんな人でも愛好者に……一〇
(2) 口コミで広がる「自然卵」……一三
3 なぜ「小羽数平飼い」か……一六
(1) 引っ張りダコの「自然卵」……一七
(2) 未利用資源の活用……一八
(3) 自然循環の自給農業……一九
(4) 薬剤からの解放……二〇
(5) 人類の危機から脱出……二一
4 将来への展望……二三
(1) 「自然卵」は過剰になるか……二三
(2) 養鶏を農家の手に……二四

二、農家養鶏の基本
——企業養鶏とのちがい——
1 農家養鶏とは……二六
(1) 農家養鶏の特異性……二六
(2) タテマエだけの農家養鶏……二八
2 自然環境における企業養鶏との相違……三三
(1) 空気……三三
(2) 日光……三八
(3) 大地……四一
(4) 水……四四
(5) 緑餌……四五

3　経営面における企業養鶏との相違……五二
(1)　量産至上の時代は過ぎた……五二
(2)　農家養鶏の飼育規模……五六
(3)　農家養鶏は自家労力で……六三

三、有機栽培と農業人口論

1　鶏糞利用の有機栽培……六七
(1)　鶏糞のこの効果……六七
(2)　残り物を処理する鶏たち……七〇
2　私の農業人口論……七二
(1)　縮小生産と農業人口……七二
(2)　農業人口減少が招くもの……七三
(3)　第三次産業について……七五
(4)　私の提案……七六

四、鶏の食性とエサ

1　鶏のエサを考える……七八
——粗飼料と濃厚飼料——
(1)　キジの内臓を調べると……七八
(2)　近代栄養学の発想法……七九
(3)　鶏は粗飼料を歓迎……八〇
(4)　濃厚飼料によるゆがみ……八一
2　自家配のすべて……八三
——自家配への確信——
(1)　自家配合か他家配合か……八三
(2)　自家配の原則……八五
(3)　鶏の単味飼料自由摂取試験……八八
(4)　自家配のやり方……一〇一
(5)　自家配の材料……一〇七
(6)　自家配の応用例……一一六
3　ノコクズ発酵飼料……一一八
(1)　ノコクズ活用のすすめ……一一八
(2)　ノコクズの仕込み方……一二一
(3)　発酵飼料のつくり方……一二五
(4)　発酵飼料の効用……一二八
4　腹八分の給餌法……一三七

(1) 適量給餌とは……………………………一三七
(2) エサ給与のコツ…………………………一三九
(3) 給餌は観察の好機………………………一四〇
(4) エサ給与のポイント……………………一四二
5 断嘴とはなにごとか ……………………一四三
(1) 残酷な「七夜の行事」 …………………一四三
(2) つつきのほんとうの原因………………一四五
(3) 養鶏技術の奥の手………………………一四七

五、平飼い用の鶏種と卵質のよしあし

1 平飼い用の鶏種 …………………………一四九
(1) ケージ養鶏向きの白レグ………………一四九
(2) 赤玉鶏の特徴……………………………一五一
2 卵質はなにで決まるか …………………一五四
(1) エサと卵質の関係………………………一五四
(2) 良質卵の条件……………………………一五五

六、鶏の育成法

1 低成長育成の徹底 ………………………一六三
2 低成長育成のエサ ………………………一六四
(1) チックフードを食べ残す………………一六四
(2) 粗飼料育成の成果………………………一六五
(3) エサ切り替えの注意……………………一七〇
3 初生ビナ …………………………………一七一
(1) ヒナの導入………………………………一七一
(2) 育すう箱の環境調節……………………一七三
4 幼すう・中すう …………………………一七七
(1) バタリーの必要な理由…………………一七七
(2) バタリーの構造…………………………一七八
(3) エサの与え方……………………………一七九
(4) ヒナを移動するときの注意……………一七九
5 中すう・大すう …………………………一七九
(1) バタリーの構造…………………………一七九

(2) エサの与え方……一八二
6 大すう・初産鶏……一八三
(1) 成鶏舎への移動後の心得……一八三
(2) エサの与え方……一八三
(3) 初産の遅れ……一八四

七、「自然卵」の上手な産ませ方

1 初産延期の重要性……一八七
(1) 初産は遅いほどよい……一八七
(2) 早期初産の危険性……一八八
(3) 私の座石の銘……一八九
(4) 「代償産卵」の法則……一九〇
(5) 初産延期の工夫……一九二
2 「腹八分産卵」の提唱……一九四
(1) 「腹八分産卵」こそ鶏を生かす……一九四
(2) 産卵抑制の方法……一九七
3 点燈の必要性……一九八
(1) 日照時間と点燈……一九八
(2) 点燈のやり方……一九九
(3) 点燈の注意……二〇一
4 強制換羽と鶏の若返り……二〇二
(1) 平飼いのままで強制換羽……二〇二
(2) 強制換羽のすすめ方……二〇三
(3) 絶食後のエサの与え方……二〇四

八、廃鶏の淘汰

1 飼育途中で淘汰する場合……二〇八
(1) 鶏　病……二〇八
(2) 卵　墜……二〇九
(3) 寄生虫・吸血昆虫……二一〇
(4) 就　巣……二一三
(5) 尻つつき……二一四
(6) 換　羽……二一五
(7) 休　産……二一五
(8) 駄鶏の見分け方……二一六
2 上手なローテーション……二一八

(1) ローテーションの基本姿勢……二一八
(2) 鶏舎の運用とローテーション……二一九

九、平飼い鶏舎のつくり方

1 鶏舎つくりの原則……二二五
(1) 審美眼を持たない鶏……二二五
(2) 密飼いの「経済学」……二二六
2 鶏舎のつくり方……二二八
3 放し飼いとは……二三七

一〇、自家用養鶏を始めよう

1 誰でも取り組める……二四三
2 自家用養鶏のやり方……二四四

むすび

増補

〈自然卵養鶏法の再確認〉……二五二
○自然卵と〝特殊卵〟とは根本的にちがう……二五二
〝特殊卵〟は近代養鶏が大部分……二五二
本当の自然卵養鶏とは……二五三
「鶏病予防のため立入禁止」はかくれ蓑……二五四
卵殻の色でなく飼い方が問題……二五五
○自然卵五〇〇羽養鶏なら二〇〇万戸必要になる……二五五
〈飼料と給与方法をめぐって〉……二五七
○新しい「発酵飼料の効用」……二五七
①発酵菌が生きたエサに転化……二五七
②菌体タンパクで魚粉を減らせる……二五七
○変幻自在の配合で何でもエサに利用……二五八
○発酵飼料にはモミガラを積極活用……二五八
○小石は餌付けから必須……二五九
○春の産卵抑制の方法と休産時の飼料給与……二五九

春の産卵抑制方法……………………………二六〇
休産時の飼料給与法…………………………二六〇
産卵再開の方法　…………………………二六一
○冬の緑餌用サイロのつくり方……………二六一
＜育すう、飼い方、病気、消毒＞…………二六三
○無消毒育すうで五〇年間失敗なし………二六三
○育すう箱の温源は二個に…………………二六三
○育成バタリーか平飼い育成か……………二六四
○鶏を移動するときの注意…………………二六四
○点燈は九月上旬から二月までで可………二六五
○鶏糞による健康診断－正常便と異常便－…二六五
○「産卵低下症候群」について　…………二六六
○産卵箱の敷物………………………………二六六
○「ゴトウ一二一」は「ゴトウ一三〇」に…二六六
＜販売、経営など＞　………………………二六七
○卵価の考え方と設定………………………二六七
○有精卵とその販売…………………………二六八
○脱都市、就農者の方へ……………………二六九

一、農家養鶏のすすめ
——小羽数平飼い養鶏——

1 「自然卵」は復活できるか

昭和三十年代後半、企業養鶏が怒濤《どとう》の進撃を始めてから二〇年、農家養鶏は後退に次ぐ後退を重ねて、いまや滅亡寸前に追い込まれてしまったのである。卵は「養鶏工場」で河原の石のごとく大量生産され、洪《こう》水のごとく市場に出回り、明らかに供給過剰の様相を示し、卵はいつでもどこでも安く大量に買えるようになったのである。

そういう状況のなかにあって、ここまで追い詰められた農家養鶏がその失地を回復して、果たして卵をうまく売り込むことができるか、自然卵（ここでは「養鶏工場」で生産された卵を便宜上工業卵と名づけ、農家の庭先でつくられた卵を自然卵と呼称する）を求める消費者をどのようにして開拓すべきか、という心配があろう。

これから農家養鶏を始めようという人にとって、この最初の懸念を一掃するため、まず具体例を引きながらお話を進めよう。

2 「自然卵」を求める人々

(1) どんな人でも愛好者に………

ある農業新聞が、東京の主婦について意識調査を行なったとき、卵の項ではその六〇%が「値段は少々高くとも安全でおいしい卵がほしい」という回答を寄せたのであった。そして彼女たちは、そういう卵がどこで売られているかわからないので、しかたなく市販の工業卵でがまんしているというのである。

この傾向はなにも東京の主婦にかぎったことではなく、地方都市でも中間地帯でも、さらには農山漁村でも、大同小異であると思うがどうだろう。

現に、私の住む飛驒の山間地でさえ、地場消費——近隣からの要望が多くて、断わるのに困っているほどである。すぐそこのマーケットで格安の卵がいくらでも買えるのに、わざわざ車で私の所まで高い卵を買いにやってくる。しかたなく私は契約出荷用の卵をけずって、それらの要望の半分ぐらいに応じているのである。

こういういわゆる目ざめた消費者の層が、『複合汚染』などの啓蒙《もう》書を通じて、かなり根強く幅広く（東京の主婦たちと同程度の比率で）全国に浸透していることは、私の地方のようすからおおよそ推察できるのである。だから、生産者があえて消費者の啓蒙、開拓に苦心しなくても、単なる呼びかけでたやすく顧客を獲得できる状態にあると思われる。

ところで、自然卵はこのように食品汚染について意識的に目ざめた層の人々にしか愛用されないかというとそうでもないのである。案外そういうことに無頓着《むとんちゃく》な人々でも、卵の味のよさにひかれてその愛好者となることが多い。

いちばん顕著な例は子供たちである。ことに就学前の幼児たちが、一度この卵の味をしめるともうほかの卵は食べようとしない、という報告が数多くの消費者から寄せられている。卵についてなんの先入観も知識も持ち合わせていない幼児のこの欲求は、最も本能に即した正直なものであると思う。

私の家の近くで道路の拡張工事が行なわれたとき、多くの土木従事者たちが、私の家へ卵を買いにやってきた。「おじさんとこの卵食うと、店で買った卵はまずうて食えんなあ」と、彼らは一様に言うのである。そう言いながら、彼らは弁当のおかずに着色料、保存料、防腐剤などの入ったソーセージやカマボコを平気で食っているのであった。

駄《だ》菓子屋のおばあさんも、べつに食品添加物についての知識を持ち合わせていないが、私の卵を愛用している一人である。一日でも卵が切れると、大騒ぎして電話がかかってくる。店で買った白味のうすい卵は、「気持ちわるうて食う気いせん」というのである。

(2) 口コミで広がる「自然卵」

自然卵を売り込むのに、啓発も宣伝も説明も、あまり多くを必要としないのである。それは、「カエルばかりを食い飽きているネコの前へネズミを放つ」ようなものであり、さらに極言すれば、「アリの蜜に集まる」がごとく、こちらはなんら売り込みの努力をしなくても、自然とお客は寄ってくるものである。

この間の事情をもう少しくわしくお話すると——

広告（というよりお知らせというべきか）は最初の一回だけでよい。あとは口コミで次から次へと伝わってゆく。

私がいちばん初めに自然卵を販売しようとしたとき（私が本格的に養鶏に取り組んだのは昭和二十九年で、採種養鶏から始めた。昭和四十八年採卵養鶏に転向、その卵は最初、消費者へ直売の方式で販売した）、次のようなガリ版刷りのチラシを用意し、見本の卵を持って直接各戸を訪問した。

薬剤フリーの自然卵を食べましょう

平飼（大地のめぐみ）
開放（空気と日光）
自家配（薬剤添加物ゼロ）
緑餌多給（ビタミンの宝庫）

鶏の健康はこのようにして守られます。
健康な鶏から産まれる卵は——生命力が強く日もちのよい卵
白味の粘度が高く黄味の盛り上がっている卵
コクがあって殻が固くて安全で美味しい卵

これは昔の卵・地玉子と同じです

但し、こういう卵は広い土地に少ししか鶏が飼えないので沢山生産することは出来ません。従って量に制限があり、且つ値段も少々高くつきます。

だが卵などというものは、貴重な穀物を七分の一のカロリーに縮小して再生産される贅沢な食品なので、飽き飽きする程食うものではありません。少し不足する位食べたほうが健康にもよく、又食べものへの感動と感謝を呼び起こします。「渇望」は希望感であり、「飽食」は倦怠感であるといえましょう。

見本をおいていきます。
毎週金曜日に伺います。
値段はマーケットの二割高位です。
（故に、消費量を従来の二割減にして下されば支出は変わらない訳です）

訪問先は、当時私の住む所から二〇キロ離れた場所に岩屋ダムという多目的人工湖が建設中であり、その工事関係者の住宅が、私の家から六キロの町に建ち並んでいたので、まずそこに目をつけた。こういう住宅地は全国到る所にある。アパートやマンションなら、戸別訪問はなおさら便利であろう。

このようなチラシと見本の卵を二個ずつ、各戸に配って歩いた。すると、どこの家の奥さんもみんな一様に期待の眼を輝かせて、これを受け取ったのである。そして次週の金曜日、卵を一〇個入りの

第1表　自然卵の流通ルート

流通ルート別	開拓の方法	備考
消費者への直販	①団地など戸別訪問 ②新聞にちらし折込み ③消費者グループとの直結	流通の労力を消費者と話し合って，どちらが負うかを決める。1カ所へ配達し，あとは消費者，という折半も可
高級料理店，ホテル，病院などへの直売	献立て，仕入れ，料理などの責任者と話し合う	見本を示し，卵の内容について説明の要あり
生活協同組合，自然食品の店への卸売り	担当者と話し合えば容易に成立する。自然卵の流通ルートとしてはいちばん手近である	まとまった量を一括してさばけるので便利
スーパーマーケット，百貨店への直販	商品統括の責任者と談合する	より多く，より安くばかりが能ではない。スーパーでも物によっては高級品を扱うところがふえている
八百屋との取引	八百屋の片隅に自然卵と銘うって置いてもらう	案外よく売れる。消費者はときには変わった食物をあさるくせがある。一度味わえばまた買いにくる
庭先販売	特別配慮せずとも自然に客はふえていく	うまい卵があるとわかれば遠くからでも買いにくる。アリの蜜に集まるごとし

新聞包みにして訪れたところ、一軒残らず市販卵をやめて、私の卵に切り替えてくれたのであった。

いったん味をしめたらもう大丈夫、金輪際《こんりんざい》この卵から離れることはないのである。そしてロコミで次から次へと伝わってゆき、新しい申し込みがふえて卵が足りなくなり、断わるのに困ることになる。故《ゆえ》に、以後のPRは全く必要ないのである。

(ここでいい気になって、労力の限界を越えた増羽を行なってはならない。それは無理すると成績が落ち、卵質が低下するからである。需要が多くなれば同志をふやして、みんなで飼ったほうがよい。一人で大量供給しようとするのは、身を粉にして消費者に奉仕することを意味するのである。)

第１図　仲間と電話で話し合う中島さん

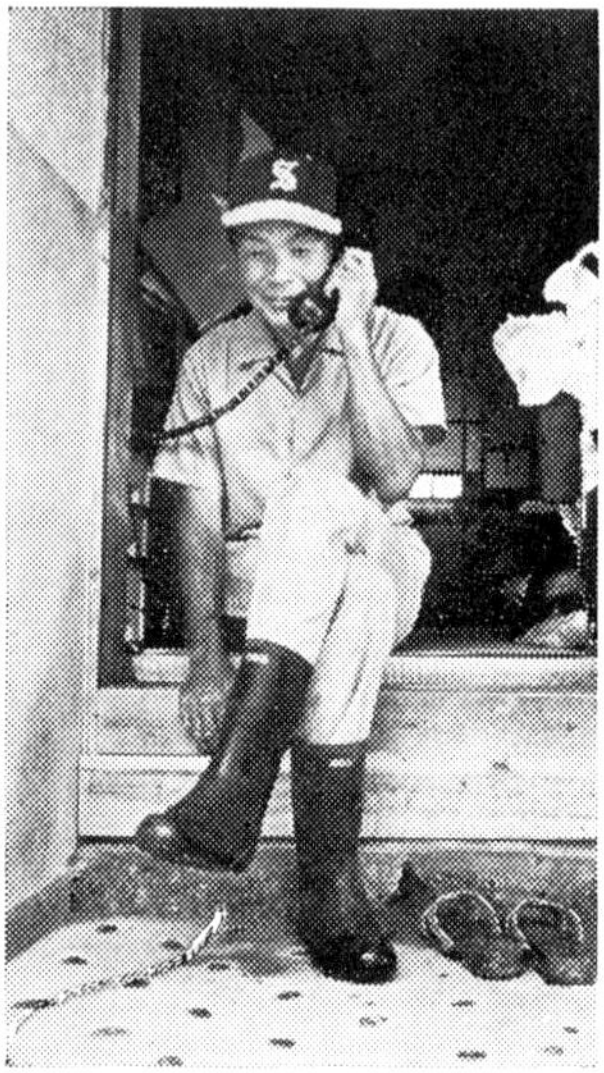

日がたつにつれ流通業者の耳にも入り、生協だとか、自然食品の店だとか、八百屋だとかからも引き合いがくるようになる。直売の手間がわずらわしいときは、取引値とも勘案して流通業者に一任したほうがよいこともある。消費者への直売も顔なじみとなれば、世話好きの人に分配や集金をまかせて、手を省く方法も生まれてくるのである。

月刊誌『現代農業』（農文協発行）を媒介として農家養鶏を始めた人々が、私の知るかぎりでも全国に数十人はいるけれども、卵の販売については、以上述べてきたことと似かよって、あまり苦労せずにうまくいっているようすである。これは良質卵を求める人々が全国的にあまねく存在している証拠である。

3　なぜ「小羽数平飼い」か

すでに飽和状態にある養鶏産業のなかにあって、私があえて「小羽数平飼い農家養鶏」（それがどんなものであるかは、本書のすべてで明らかにする）をおすすめするのは、次のような理由による。

(1)　引っ張りダコの「自然卵」

たしかに卵は過剰、卵価は低迷しているが、それは「養鶏工場」で生産された大量の工業卵での現

第２図　契約出荷は箱詰めで

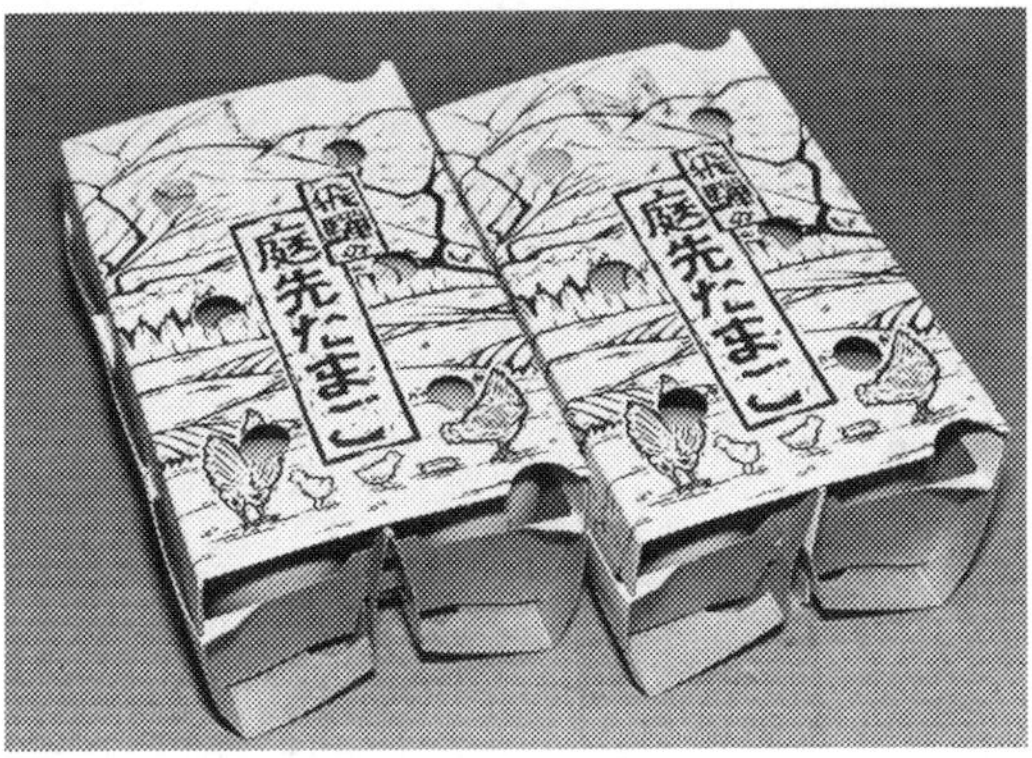

第３図　近所へ卵を配る奥さん

象であって、「昔の地玉子」のイメージを持つ農家の庭先養鶏の卵——自然卵は、先にいろいろな例をあげたように、全国到る所において高値で引っ張りダコである。私どもは新たな注文に対しては、「お断わり」しなければ二進《にっち》も三進《さっち》もゆかない状態にある。

市場に工業卵が洪水のごとくあふれているにもかかわらず、否、あふれていればいるほどかえってホンモノの卵は渇望され、「別個の商品」として高値でいくらでも売れてゆくのである。

(2) 未利用資源の活用

輸入穀物を湯水のごとく浪費する大型工業養鶏は、いまでこそ石油の上にあぐらをかいて全盛を誇っているけれども、ひとたび石油が不足し、次いで輸入穀物が削減されると、それは真っ先に壊滅的打撃を受けねばならないのである。人間優先のタテマエから、人間が飢えているのに鶏が飽食することは許されないであろう。

卵肉も食糧のうちだとはいえ、それは貴重な輸入穀物を七分の一のカロリーに縮小して再生産されるぜいたくな食べ物であるので、飢えのときは卵肉を食うよりも、原穀を食ったほうが七倍もの人間を養うことができるのである。

このイザ鎌倉という一大事が出来《しゅったい》したとき、どんなにあわてふためいてももう遅いのであって、そのとき養鶏で生き残るためには、いまから未利用資源活用の小羽数自給養鶏への「対策」と「技術」を持っていなければならないのである。

(3) 自然循環の自給農業

農業が、行政や商工業や消費者に振り回されることから脱出して、農業の自主性を確立するためには、「自然循環型」の自給農業を営まねばならない。そしてそのために最も必要なものは、畜産を農業の一環に組み入れることである。畜糞を田畑や草地に還元することによって作物や雑草を育て、そしてそれを、あるいはその残滓《さい》を家畜のエサに与える——この循環を続けるかぎり、行政や商工業のお世話にならなくとも、農業は自立できるのである。

少なくとも、工業の産物たるオモチャやアクセサリーをあまり欲しがらず、自給自足の生活に甘んずるならば、農業にとってこわいものはなにもないはずである。

畜産が農業から企業の手に移った（農業の企業化も含む）ことによって、かつての自然循環型農業は完全に破壊された。はるか数百キロもかなたに大養鶏場や養鶏団地が片寄っているのでは、百姓は鶏糞をたやすく田畑に利用することはできないのである。

全国到る所に自家用として五～一〇羽、副業としてなら二〇〇～三〇〇羽、多くても一〇〇〇羽どまりの小羽数養鶏が散在し、百姓はリヤカーを引いて、欲するときに欲するだけの鶏糞を田畑に利用できる状態でなければならない。

(4) 薬剤からの解放

効率と利潤追求のため、極度の人工コントロールを強行し、大自然の摂理を無視した大量密集飼育では、鶏の体力が弱まり病気への抵抗力を失うので、いきおい消毒剤、予防薬などを多投してこれを防止することとなる。そのうえ欲の深い企業家（経営者が農民であっても）は、鶏を早く太らせたり、たくさん生ませたり、騒ぐのをしずめたり、見ばえをよくしたり、長持ちさせるために、ホルモン剤や抗生物質や合成化学物質を注射、または投与するのである。

かくして巷《こう》間いうところの「薬づけ畜産」が出現したのであるが、それが人体に及ぼす影響については、多くの文献が指摘するように、全く安全ということはできないのである。卵肉に移行して人体に摂取されるものは、きわめて微量であるかもしれないが、イギリスのロバート・エンダース博士やカール・G・ハートマン博士は、「人造ホルモンはむしろ微量摂取したほうが、大量摂取したよりも発ガンの可能性が高い」と説明していることに注目すべきである。

故に、ただ単に消費者へ汚染されない卵肉を供給するためだけでなく、農民自らが安全でおいしい卵肉を摂取するために、薬剤などを全く使用しなくても大自然の恵みによって鶏の健康を守ることのできる、小羽数自家配養鶏を復興させなければならないのである。

(5) 人類の危機から脱出

薬づけ畜産だけでなく、あらゆる分野において人類はいま危機に直面している。危機といえば、「またか」と言われそうであるが、しかしそれは従来の外交がどうの、国体がどうの、教育がどうのという次元のものではなく、実に人類存亡の根元に迫るものである。科学文明の過剰進歩、資源の浪費と枯渇、自然（環境）の破壊と汚染——われわれが石油文明の繁栄に酔いしれているとき、その代償として人類の破滅は、刻一刻と「確実に」眼前に迫ってきているのである。

これを逃れる道はただひとつ、「進歩、発展向上、繁栄」へのコースを、「逆にたどる」こと以外にはない。大量生産へ向かって、大進歩を重ねてきた大型企業養鶏に代わって、農家養鶏の復興を図る、これがわれわれ養鶏農家にとって、いちばん手近な「逆のコース」への歩みである。

われわれが庭先養鶏で一個でも多くの卵を産ませれば、その分だけ確実に企業養鶏の卵を締め出すことになるのは先に述べたとおりである。みんなが庭先に鶏を飼いさえすれば、企業養鶏はことさら抑制しなくとも、自然と後退してゆくことになるのである。

4　将来への展望

(1)　「自然卵」は過剰になるか

自然卵がいまのところ、いかに渇望され、いかに不足しているとはいえ、自然卵を生産する仲間がどんどんふえて生産量が上がってくると、これも工業卵と同じくやはり過剰になって、売れゆきがわるくなり、値段も安くたたかれるのではないか——これがいま、農家養鶏を始めようという人にとって、二番目に懸念されるところであろう。

なるほど、供給が需要を越えれば、どんな商品でも売り手市場を堅持することは困難である。自然卵も「少し不足するぐらいのところで売ったほうがよい」し、それは「稀少価値の間だけ歓迎されるものにすぎない」ことに変わりはない。同志がふえることは農家養鶏の隆盛につながる反面、ライバルが多くなって互いに競合の泥沼にはまり込むことにもなるのである。

だが、よく考えてみよう。

いま、全国に一億三〇〇〇万羽の採卵鶏がいるが、それらの九九％までは大小を問わず、みんな「養鶏工場」のカゴの中にひしめいているのであって、日光のふりそそぐ大地の上で砂浴びをし、新鮮な空気を吸い、緑餌《じ》を豊富に与えられて飼育されている鶏は、「九牛の一毛」にすぎないのである。

ところで、われわれの子供のころは、卵はめったに食べさせてもらえなかったが、それは当時の養鶏が大部分農家の庭先養鶏に支えられていて、大量生産の態勢が整っていなかったからである。（それほど生産が少なかったにもかかわらず、当時も低卵価の不況がしばしばくり返された。しかし、それは通貨の多少にかかわる問題であって、供給過剰の問題ではなかったと思われる。つまり、卵を食べたい人々はいっぱいいたのだが、庶民はそれを買う金を持たなかったのである。）だからいま、もし日本の養鶏産業がすべて小羽数農家養鶏の手に帰したと仮定すれば、その総羽数は、管理能力からいって一〇分の一（一三〇〇万羽）に減り、収容能力からいって五分の一（二六〇〇万羽）に減少する。すなわち、われわれの子供時代の「実質的な卵不足」状態が再現するということである。

当時は庶民のフトコロぐあいがわるくて、卵の量が不足していても、購買力がなく卵価は下落したが、いまは国債を媒体として紙幣は乱発され、賃金と物価は上昇し続けている。したがって、卵が足りなければ購買意欲は高まり、二六〇〇万羽の鶏が産む自然卵は高値でも大いに歓迎されることになるだろう。

もちろん、問題はこのように簡単ではなく、先に紹介した意識調査において、四〇％の人々は別の意志表示（「汚染されていてまずくとも安いほうがよい」ということか）をしたのであるから、日本の養鶏をすべて農家養鶏の手にとり戻すことはできないのである。私はただ仮定として申しあげたのであって、同志（同業者）がふえ続けて、たとえ養鶏の全部を農家で占めるようになったと仮定しても、自然卵はやはり足りないのだということを示したにすぎない。

要するに、いまのところ自然卵の過剰について懸念すべき素因は見当たらず、その前途は洋々たるものである。菓子やマヨネーズなどの加工用には、もちろん安くて豊富な工業卵が使われるであろうが、少なくとも全羽数の半分までは自然卵で獲得できる余地があると見なしてさしつかえない。

(2) 養鶏を農家の手に

われわれはいま、ライバルのふえることを心配するよりも当面企業養鶏をのり越えることに全力をあげるべきである。われわれは力を合わせて一羽でも多くの鶏を、「養鶏工場」の金アミの中から大地におろして、養鶏を農家の手にとり戻さなくてはならない（国民の健康を守るために！　そして自立農業確立のために！）。

くどいようだが、われわれが一個でも多くの自然卵を消費者の手に渡すことは、それだけ確実に企業養鶏の卵を減少させることになるのである。他の多くの商品は一流メーカーには到底歯も立たないのが通例であるが、こと卵にかぎっては、逆に企業養鶏の工業卵などは、農家養鶏の自然卵の足もとにも及ばないのである。

「土方《どかた》殺すに刃物はいらぬ。雨の一〇日も降ればよい」という言葉が昔はやったことがある。「企業養鶏倒すに刃物（政治力）はいらぬ。農家みんなが庭先に鶏《とり》を飼えばよい」。それはいつ誰がどこで始めても、即座にそして容易に工業卵を追い出すことが可能なのである。

二、農家養鶏の基本

——企業養鶏とのちがい——

1　農家養鶏とは

(1)　農家養鶏の特異性

これから「農家養鶏」とはどのようなものであるか、どのようにして飼うべきかということをお話しなければならない。

お話するといっても実は、農家養鶏について語る場合、大型ケージ養鶏が、合理化、機械化、工業化を押し進めるにあたって、「脱皮」を重ねてきた、その「脱ぎ捨てたもの」について説明すれば、それで事足りると思うのである。まこと、「大型企業ケージ養鶏」とわれわれの「小羽数農家平飼い養鶏」との間に、同じものはなにも存在しないのである。彼らが惜し気もなく脱ぎ捨てて顧みなかったところのもの——その残り滓《かす》がすなわち「農家養鶏の特異性」なのである。

第2表　大型企業ケージ養鶏と小羽数平飼い養鶏とのちがい

項　目	大型ケージ（工業）養鶏	小羽数平飼い（農業）養鶏
大自然の恵み	しゃ断して拒否	できるかぎり与える
人工コントロール（機械）	最大限導入	最小限にとどめる
飼　料	濃厚飼料　完配に依存	粗飼料　自給未利用資源活用，自家配
労働力	雇用労働力	自家労働力
鶏　舎	システム養鶏型，近代装備	粗末なオール開放型，床は土間
鶏　種	卵用種　白レグ主体	兼用種　赤玉鶏主体
薬品・薬剤	使用，薬づけ	全く使用しない（添加物も）
卵	大量生産による汚染卵（洗剤や添加物）	手づくり自然卵
育　成	濃厚飼料（チックフード），早く大きくなる	粗飼料，育成速度遅い
性成熟	早い，170～180日で初産（50%）	遅い，210～220日で初産（50%）
産卵性	早くから高産卵，ピーク90%以上	八分目産卵に抑える，最高80～85%
残存率	産卵約1カ年で淘汰，最終70%	産卵18カ月以上，最終75%
採算性	より多くより安く，1羽当たり利益小なるも量で押す	生産性小，卵質よい，1羽当たり利益大

(2) タテマエだけの農家養鶏

「商社養鶏進出阻止全国決起大会」

昭和五十三年五月、全国養鶏経営者会議と日本消費者連盟の共催で「商社養鶏進出阻止全国決起大会」というのが開かれたことがある。

生産過剰と泥沼卵価に悲鳴をあげた生産者団体が、もうこれ以上の増羽はやめようと生産調整に乗り出したが、系統外の商社養鶏はこの申し合わせに協力せず、増羽に次ぐ増羽を重ね、その年だけでも六〇〇万羽に及ぶ大拡張を行なったのであった。泥沼不況の元凶は強欲な商社養鶏にあり、これを打倒しなければ生産者——養鶏農家（といっても農民の皮をかぶっているだけで中身は歴然たる企業養鶏）は壊滅するであろうという危機感から、消費者団体にも協力を呼びかけ、「商社養鶏進出阻止全国決起大会」を開いたのである。

席上、生産者代表は口角泡を飛ばして、異口同音商社の薬づけ養鶏について攻撃をくり返したのである(それは、消費者の共鳴を得るための苦肉の訴えであった)。すると、ある消費者代表が立ち上がって曰く、「あなた方のやっていることも、商社養鶏とたいして変わりはないじゃないか」。これはまさに「頂門の一針」であったと思うのである。

羽数に大小があるだけでそれ以外は、大型商社養鶏となんら変わりなく、同じような鶏舎に、同じような鶏を、同じようなエサで、同じような人工コントロールを行ない、同じような薬剤を使用し、同じような卵を産ませていたのでは、タテマエは農家養鶏であっても、その実態は「ミニ商社養鶏」であるにすぎないのである。これでは商社養鶏の非を訴えることは到底できない。ただ彼らは商売がたきとして恨みを商社養鶏にぶつけるだけなのであるから、消費者代表からみればまさにナンセンスであった。

農家養鶏が商社養鶏に批判をつきつけるとすれば、農家養鶏が農家養鶏たるゆえんのものをまず実践しなければならないのである。系統がどうの、資本がどうの、経営者がどうのということなどは、消費者にとって実はどうでもよいことなのである。消費者にとって問題なのは、中身がどう違うのかということなのである。中身つまり飼養形態において商社養鶏と画然たる相違を示しさえすれば、すなわち農家養鶏が農家養鶏たるゆえんのものを実践しさえすれば、あえて大会を開いて商社養鶏を攻撃しなくとも、消費者は黙って納得するに違いない。

ある養鶏家の色麻農場告発

宮城県の色麻《しかま》町という所に、色麻農場という商社系の大養鶏場がある。この養鶏場が莫大な数の増羽を行なっているという情報を伝え聞いた関東のある養鶏家（彼は一五〇〇羽から出発し、二〇年かかって刻苦精勤、現在は一二万羽を飼育する立志伝中の人）が、この無軌道な商社のヤミ増羽に怒って、その実態をつきとめ告発してやろうと決意した。

彼は単身敵地へ乗り込んで立ち入り調査をしようとしたが、肝心の鶏舎へはどう頼んでも入れてくれない。業《ごう》を煮やした彼は、航空写真によってその実態をつきとめるべく、航空機をチャーターして空から調査し、なんと六〇万羽にも及ぶ増羽をつきとめたというのである。

この商社系大養鶏場は、凍結時羽数（昭和四十八年現在の羽数で凍結し、これ以上ふやさないようにしようという生産調整の申し合わせ）が二四万羽であったものが、五十三年現在八三万羽にふえており、なおまだ一三二万羽もの受入れ準備が完了していたというのである。

彼はそれを衆議院農林水産委員会に告発したが、「厳重に注意する」というだけで、結果はなんの実効も現われなかった。

ところで、私がここにことさらこの事例を引用したのは、なにも別に、一二万羽飼育の専業養鶏家に共鳴して、八〇万羽の商社養鶏への攻撃に加担しようというのではない。私がここで言いたいのは、一二万羽と八〇万羽との醜い泥試合についてである（一二万羽氏にとっては浮沈にかかわるその壮烈な闘争を、醜い泥試合と片づけては気の毒であるが——）。

一二万と八〇万、しかしわれわれ一〇〇〇羽以内の小羽数農家養鶏からすれば、その差は五十歩百歩でしかない。私が一〇〇〇羽の複合経営でどうにか暮らしているというのに、なぜその一二〇倍もの羽数——一二万羽も飼育しなければならないのか。それはおそらく「もっとたくさん儲けたい」からにほかならない。その同じ答が八〇万羽氏からも発せられてなんの不思議もないであろう。一二万と八〇万——同じ穴のムジナである。

しかも一二万と八〇万とは、羽数において開きがあるほかは、その内容においてはなんらの相違点、特異性がないのである（この際、立志伝中の人であるかどうかなどは問題外とすべきである）。一二万羽氏も八〇万羽氏も、同じような鶏を、同じような鶏舎に、同じようなエサと薬で、同じような管理をしているにすぎない。第三者にとってはどっちがどう転んでも、たいしたことではないのである。

われわれ小羽数飼育者や消費者にとって、八〇万が七〇万に減り、その分だけ一二万がふえて二二万になったところで、またその逆に一二万が五万に後退し、八〇万が八七万になったところでなんの痛痒も恩典もありはしないのである。これは当事者同士の醜い泥試合にすぎない。

商社養鶏に対して果たし状をつきつけるとすれば、タテマエだけでなく、その実質において自らがまず画然たる特異性を示さなければならない。農家養鶏が農家養鶏たるゆえんのものを実践して初めて、商社へも消費者へも物申すことができるのである。商社養鶏の亜流にとどまるかぎり、それらは（いわゆる農家養鶏たると専業養鶏たるとを問わず）すべてひっくるめて同じ穴のムジナと見なしてさしつかえない。

前にも言ったように、企業養鶏（あるいは商社養鶏）と農家養鶏との間には、共通するなにものも存在しないのである。彼らがその発展途上に弊履《へいり》のごとく脱ぎ捨てて顧みなかったところのもの、それが農家養鶏の農家養鶏たるゆえんのものにほかならない。

では、これからその農家養鶏の特徴（企業養鶏との相違点）について詳述することにしよう。

2 自然環境における企業養鶏との相違

(1) 空　気

その重要性

鶏にとって最も大切なものは新鮮な空気である。養鶏といえばまずエサを問題とするのがつねであるが、エサなどは一〇日間欠乏しても鶏は死なないのである（後述するが、「強制換羽」といって鶏にエサを与えないで換羽を促進させ、産卵再開を早める技術がある。その際一〇日間以上の絶食に鶏は耐えるのである）。ところが、空気はたった三〇秒〜一分の欠乏で鶏は死に至る。鶏にとって空気は、魚にとっての水のようなもので、瞬間もゆるがせにできない最も重要な生存の条件である。

鶏ばかりでなく人間にとっても、野獣にとっても、空気の重要性は変わりがないが、ことに鶏のような鳥類は、体温が高く酸素消費量が多いので、人間などよりもはるかに空気の汚染（酸素の欠乏）に弱いのである。

鶏が冬期、ニューカッスル病、伝染性喉頭気管炎、マイコプラズマ病、伝染性コリーザなどの呼吸器病に悩まされるのは、鶏を寒さから守るため人工防寒幕で外気をしゃ断し、舎内の空気を汚すからである（集団カゼが冬期暖房のため密閉された教室で広がるのと同じ理由である）。

鶏にとっては冷たくても新鮮な空気のほうが、暖かくて汚れた空気よりもはるかに必要なのである。鶏は元来、寒さに慣れることは可能であっても、汚染された空気に慣れることは不可能なのであった。それを寒さから鶏を守るために人工ビニール幕で空気を汚すのは、大自然の恩恵を無視した人間の愚かな誤算ではなかったか。

空気は大自然から「無限」に「無料」で与えられているにもかかわらず、大型企業養鶏では例外なくわざわざ費用をかけて、冬期ビニール幕で外気をしゃ断するし、近代的ウインドレス鶏舎（無窓鶏舎）のごときは、断熱材でもって年中外気との隔絶をはかるのである。

その意図するところは、寒さのためエサの効率がわるくなって産卵が低下するのを防ぐためであったり、徹底した人工コントロールを行なうため外気の影響（寒暑や自然光線）を排除するためであったり、直射日光や吹雪や嵐から鶏を守るためであったり（彼らは外気をストレスの要因と考えている）、ウイルスなどの病原菌が風に乗って鶏舎へ侵入するのを防ぐためであったり、鶏が騒音公害や糞臭公害を出すのを外へ漏らさないためであったり、ということなのである。

だが豈《あに》図らんや、外気とのしゃ断による空気の停滞、汚染は、そういうことの追求によって得られるメリットをはるかに越えて、鶏から抵抗力を奪い、これを弱体化させ、薬づけ畜産の重大な原因をつくっているのである。

なるほど寒さのためエサ効率がわるくなったり、産卵が低下することもあり得るかもしれない。しかし二グラムや三グラムの耐寒用のエサ、一％や二％の産卵低下は、防寒設備費や代替補給費や、消毒剤、予防剤、治療薬などの費用に比べたら物の数ではないと思うのだが——。私の地方では、かつて十二月末から一月末までの一ヵ月間、毎朝の最低気温が連続して、マイナス六〜九度を記録したのであるが、それでも四面オール開放で平常の産卵を落とさなかったのである。鶏は吹雪の中で雪をつついて食い、水桶の氷を割ってやればその水を飲み、ノコクズや豆腐粕や雑草サイレージの混じった粗飼料を食い、呼吸器病などとは無縁にせっせと卵を産み通したのであった。

暑さや寒さや吹雪や嵐は、鶏にとって抵抗力をつけるための天与の刺激にほかならない。これをストレスと考えて、鶏を過保護の環境の中に押し込めておけば、いきおい鶏は弱体化せざるを得ないのである。

健康を保証する新鮮な空気

呼吸器病などの病原菌は、風に乗って外からやってきても、開放鶏舎ならばまた風に乗ってそれは外へ吹き飛んでゆくのである。しかも、つねに外気にさらされて抵抗力を身につけた鶏は、少々の病原菌などには侵されない。むしろ病原菌は「外」からの脅威よりも、外気と隔絶された「内」の充満のほうがおそるべき効力を発揮する。

第4図　四面オール開放の鶏舎

もしも私の開放鶏舎の中へ、ニューカッスル病で死んだ鶏を放り込んだとしても、私の鶏群にはニューカッスル病が伝染しない自信がある。それは大自然の恵みと、厳しい環境との相乗効果によって鶏が病気に強くなっており、また空気の吹きぬける開放鶏舎では、菌の混じった空気が停滞せず、すぐ飛散してしまうからである。

ニューカッスルなどの呼吸器病ばかりではなく、鶏痘やコクシジウム症でも換気不良がその誘因となることが多い。保温の必要のない（いまこそ鍛えなければならぬはずの）中ビナや大ビナを可愛がりすぎて、むやみに囲ったりすると鶏痘にかかるし、夜間に多数のヒナが密集すると、内へもぐり込んだヒナが空気の不足から体力を弱め、コクシの原虫オオチストへの抵抗力を失い、コクシジウム症にかかるのである。故に人工環境調節鶏舎での大群育すうでは、つねに鶏痘やコクシの脅威にさらされ、鶏痘ではワクチン接種、コクシではサルファ剤などの予防薬を用いなければこれを乗り越えることはできない。四面オール開放の小群飼育ならば、薬剤をいっさい使用しなくてもあらゆる病気にかからないのである。

綿密な集約管理——人工コントロールといえば養鶏技術の最先端をゆくものとして聞こえはよいが、それは裏返せば大自然の恵みを拒否して、鶏に誤った過保護を強要し、鶏を虚弱化することにほかならない。

いかに綿密な調査研究をとげ、莫大な設備と費用をもって万全の人工コントロールを行なっても、大自然の摂理の完全無欠には及びもつかないのであった。人間の浅知恵などは、逆立ちしたってタカが知れているのである。

空気——もう一度くり返していえば、鶏にとって空気より大切なものはなにも存在しないのである。このことさえよく理解しておけば、養鶏は半ば成功したことになるであろう。いかに他の管理がうまくゆき届いても、空気で失敗すれば鶏は必ず病弱となる。ところが他の管理が少々粗雑であっても、新鮮な空気さえゆき届けば、鶏の健康は半ば保証されたことになるのである。

鶏だけのことではなく……

最後にくどいようだが、生きとし生けるもの「空気」という大自然の恵みを最も重視しなければならない。沈んだ潜水艇の中で、だんだん消耗されてゆく空気（酸素）、あとわずかで「死」に至るとき、人間は空気がいかに大切であったかを、佐久間艇長と同じく初めて自覚することができるのである（佐久間艇長は沈没潜水艇の艇長で、従容として死についた。広瀬中佐とともに明治時代武人の鏡とされた)。

ジェット機一機が一分間に消耗する酸素は、人間一人一年分の酸素所要量と同じであるという。さらに地球上何億台もの自動車が、酸素を奪って有毒ガスをまき散らすことを考慮に入れれば(そのほか工場の煙突なども)、地球をとりまく大気が、沈んだ潜水艇の中の空気と同じく、酸素欠乏へまっしぐらに突き進んでいることがわかるのである。

最後の土壇場へいって、一立方メートルの空気が、お金やダイヤモンドや、マイカーや電気製品などよりも、はるかに重要であったことに気づき、それらのすべてを投げ出して大自然に空気の補給を乞《こ》うても、もう遅いのである。いままさに酸素が欠乏するかどうかの瀬戸際においては、ジェット機も新幹線も高級車も宝石も、みんなガラクタ同然でしかないのである。人々は息も絶え絶えに胸をかきむしって、一立方メートルの空気を渇望しながら果てるであろう。

にもかかわらず人間どもは、この大切な空気を犠牲にして、便利と安逸と繁栄と娯楽とのために、車を走らせジェット機で飛び回って、毫《ごう》も空気の大切さを顧みないのである。このような地上で、養鶏が営まれるとき、空気の大切さが平然と無視されるのも、蓋《けだ》し不思議ではないといわねばならない。

(2) 日　光

日光浴は有益か有害か

鶏に夏の日光（ことに焼けつくような西日）を五分以上照射すると、鶏は日射病で死ぬ。「鶏に日光を当てることは危険である」という考え方が生まれたのは、こういうところに起因するのかもしれない。だから大型養鶏では、日光もストレスの一種と考えて、これをしゃ断することに費用を惜しまないのである。

ところが一方で、平飼いの鶏は土用の最中でも日光浴をするのである。この暑いのに——と思うカンカン照りのなかで、鶏は日なたに出て羽根を広げ、脚を投げ出して日光浴を楽しんでいるのである。

この二つの事柄は矛盾するのであろうか。なるほど鶏が身動きできないケージの中で日光の過剰照射を受ければ、日射病にかかって呼吸困難に陥り、死に至るのは目に見えているが、しかしそれだからといって、日光は不必要（日光は有害）と決めつけるのは早計であろう。先述のように鶏は夏の最中でも、「過剰」ではない「適度」の日光浴を欲しているのである。つまり無理な「過剰照射」だけが鶏に害を及ぼすのであって、「適度の照射」は鶏にとって有益なのである。

鶏が果たして一日にどのぐらいの時間、日光浴を欲するか（どのぐらいが適当であるか）ということは、人間の浅知恵では調査することが不可能である。アメリカの農務省にはそういう調査を行なっている機関があるけれども、それではいったい一日何分ぐらいの日光浴が適当か、と質問しても、その調査機関は答えられないのである。一羽一羽の個体差で日光浴の度合いも違うし、同じ一羽でも、昨日と今日とでは欲求の度合いが異なるのである。曇りや雨の次の日と、晴天続きの日とではもちろん大差があるのである。

これをいちいち綿密に調査して、一羽一羽に適量の日光を給与することなどは到底神業《わざ》に近い至難事である。アメリカ農務省が逆立ちしたってこれは永遠に究明することができないであろう。

第5図　鶏舎で日光浴する鶏たち

鶏は自分で調整する

だが農務省の技官にはできなくても、鶏それ自身は天与の感応器によって、ちゃんと日光浴の度合いを知っているのである。彼女たちは自分の欲するだけ日光浴をすると、あとは木陰か屋根の下へ逃れてゆく。このやり方＝農家平飼い養鶏の妙味はまさにそこに存するのである。ケージの中にとじ込められた鶏では、このコントロールを自ら行なうことはできない。

だからケージの鶏には「日光は危険」であり、これをしゃ断してその代替にビタミンD剤を与えればよい、ということになったのである。わざわざ費用をかけてしゃ断し（そうしなければならない環境の故に）、また費用をかけてその代替補給に懸命となる。そしてなおそれでも鶏の健康を保証することができず、消毒剤や予防薬を多用するのである。かくして人工コントロールの悪循環は、際限もなく続いてゆく。

ケージ養鶏の鶏は生まれてから死ぬまで、一生の間に一度、臨終の日にだけ日光を拝むことができるというけれど、それはたまたま輸送箱がいちばん上段になって、太陽にさらされた鶏だけが得る僥倖《ぎょうこう》にすぎないのである。下積みのままと殺場へ送られた鶏は、ついに日光とはどんなものであるか知らないまま、死んでゆかねばならないのである。

地球上の生物はなんらかの形で日光の恩典を必要とする。太初から太陽があり、その環境のもとで生物はつくられた。そして太陽光線には、科学的分析では判明しない未知要素がたくさん含まれているに違いない。生物はその総合の太陽光線を土台としてつくられたのであって、分析された個々の要素によってつくられたものではなかったはずである。ビタミンD剤を与えればそれで日光は不必要であるという考え方は、人間の誤った速断にすぎないのである。

(3) 大　地

大地のみごとな浄化作用

鶏舎の床をコンクリートで固める人にその訳を聞くと、それは掃除に便利で、消毒を行なうのに都合がよいから、と答えるのである。しからば、地球ができて大地が固まってからこの方、何十億年にわたって、大地が地上の汚物を浄化（すなわち掃除と消毒）することをやめたことが一度でもあるであろうか。大地は地上のすべての有機物（動物の排せつ物や植物の落葉など）を、土壌中の微生物の助けをかりてこれを腐植土に化す作用を、十億年以上もの間休みなく続けてきたのである。

この大地の作用をコンクリートでしゃ断すれば、土壌中の有用微生物は繁殖を妨げられ、そこに積もる糞は病原菌の格好のすみかとなる。だからこそコンクリートの床は頻繁に掃除をし、消毒剤を浴びるほどかけなくてはならぬのである。

論より証拠、平飼いの床を土間にして鶏糞堆積床となし（積もる糞をそのまま放置、鶏の足かきによりそれは乾いて微粉状となる）、オールアウト（鶏群全部を淘汰する）の直後も、そのまま掃除・消毒せずに次の若メスを収容しても、鶏は病気にならず、その他の支障も全くみられないのである。

大地と接触した糞は、雨水さえ大量に入らなければ、そして収容密度が坪（三・三平方メートル）一〇羽ぐらいならば、必ずその糞は（もちろん止まり木下の寝糞も）乾いて粉状となる。この糞は何年でもそのままにして、田畑へ使用するとき欲するだけ取ればよいのである。コンクリート上の糞のように、乾かし場だとか、乾燥機だとか、粉砕機だとかいう代物《しろもの》はいっさい不要で、しかも人工で強制乾燥したものより、この自然乾燥の糞は（微生物がたくさんいるので）作物によく効くのである。

大地に蓋をするコンクリート

ケージでもコンクリートの上へ糞を落とすより、大地の上へ落としたほうが糞の乾きがよい。大地は糞のしめりを吸収する作用を行なうが、コンクリートはその作用を断ち切る役目しか持っていないのである。

ちなみに、大地の上に降る雨は、適度に土中に吸収されてそれは井戸水や谷水の源泉となり、日照りのときも徐々に放出できるというように調節保管されるのであるが、コンクリートの上に降る雨は一滴たりとも吸収されず一度に流亡してしまい、日照りのときはたちまち欠乏を告げるのである。セメントは建設のための材料であるけれども、大自然の側からみればそれは自然破壊のための材料にほかならない。毎日毎日フル生産されるおびただしい量のセメントは、たとえひとすくいといえども大地との隔絶に役立つ以外には用途はないのである。それが建物に使用されようと、石垣や波止場に使用されようと、ヒューム管やU字溝につくられようと、究極は大地と地上とのしゃ断に役立つこととなる。かくしてセメントが一袋生産されれば、確実にそれだけ大地が消されてゆくのである。

大地は呼吸している

さて、鶏は空を飛ばず大地と密着して生息する動物であるから、大地とは切っても切れぬ深いつながりがあるのである。鶏は大地をつついて食い、そこで砂浴びをし、そして大地の底から立ち昇る自然の息吹きを肌に吸収して、その健康を維持するのである。単に薬剤のミネラルを代替補給しさえすれば大地は不必要であるという考えは誤りであった。

第6図　砂浴び（糞浴び）している鶏

大地は生きて呼吸している。自然の霊気はその呼吸とともに地中深くから地表へと立ち昇る。地中は恒温一三度、大地の呼吸とともに、地表との通気が行なわれ、鶏はそれによって夏は身体を冷やし、冬は身体を温める。その大地の息の根をコンクリートで止めてしまえば、鶏はいきおい不健康とならざるを得ないであろう。

巣鶏に抱卵させるとき、底のある巣箱では孵《ふ》化率は低いのであるが、底をとり払って大地の上に枠だけ置くと孵化率は高くなる。それは孵化のために適当な湿気が大地から立ち昇ってくるからである。大地の上へビニールかガラスを置くと、たちまちその下側が水滴で曇ってくるのは、その間の事情を物語っている。大地は地表の雨水や湿気を吸収する能力を持つと同時に、地中の水分を地表へ放出する能力も合わせ持っているのである。

この絶妙のコントロール、大自然の摂理の完全さには人工のエアコンなどは遠く及びもつかないのであった。

大地から隔絶して鶏を飼い、鶏糞との苦闘に明け暮れる近代的人工コントロール養鶏、これを「阿呆の鶏飼い」と言っては過言であろうか（昔から下手な管理で、糞だけが儲けの養鶏を行なう者を冷笑して「阿呆の鶏飼い」といった）。

(4) 水

水については、企業養鶏も農家養鶏も大差はないかもしれない。だが水は上流の谷川の水、天然の湧き水、または汚染されていない井戸水などを最上とするのであって、そういう水の与えられている農山村環境で養鶏を行なうことが肝要である。

化学物質や重金属のとけ込んだ水、洗剤の混じった水、カルキの入った水（細菌も棲めない水は死の水である）、工場排水の下流の水などは鶏によい影響を与えない。湯ざましの水も金魚の生きられない死の水なので、常用は避けなければならない（水の加熱消毒は感心しないのである）。自然の鳥類が欲するのは「生水」なのであって、人工処理された消毒水や蒸溜水ではないのである。

水樋《とい》を用いるケージ養鶏で、冬期注意しなければならないのは、水の凍結である。水樋は浅いのでマイナス三度以下で全部凍結し、真冬日などは日中に至っても氷が溶けないので、鶏は水が飲めず、エサ食いが落ち、やがて産卵も減ってくる。

金だらいや洗面器を利用する平飼い養鶏の給水では、たとえ氷が上部に張っても、それを金槌《づち》で割ってやれば、鶏はその氷水を平気で飲むのである。金だらいの中に糞や土が入って汚れてもさしつかえない。汚れない消毒水（実は消毒薬で汚染されている）よりも、糞で汚れた生水のほうがはるかに自分のためになることを鶏はよく知っているので、彼女たちはその汚れた生水を好んで飲むのである。

柵の外に水桶を置いて、鶏が柵から首だけ出して飲めるようにしておけば、水は糞で汚れることはない。ただしこの場合外敵の襲撃について考慮を払う必要がある。金アミなどで水桶を囲うのもひとつの方法である。

(5)　緑　餌

「緑餌不可欠」の法則は不滅

法則は永遠に不滅である。三〇年前の養鶏に緑餌は不可欠であった。一日一羽一〇匁（約四〇グラム）というのがそのころの養鶏の鉄則であった。養鶏家はその給与量を確保するのに懸命であり、緑餌給与量にけん制されて飼育規模が左右されたほどであった。緑餌不可欠——三〇年前のこの法則は、いまも不滅でなければならない。鶏の生理は三〇年前もいまも変わりがなく、三〇年前、鶏が緑餌を

第7図　雑草を与えているところ

必須としたならば、いまも依然として必須としなければならないのである。

故に私は営々として三〇年、鶏糞で草を育て、その草を刈って鶏に与え続けてきたのである。鶏もまた連綿として（同じ生理的欲求から）、緑草をむさぼり食い続けてきたのである。緑草を細切《さいせつ》してエサに混ぜ与えると、いちばん先に食いつくすのは緑草である。草を刈ってそのまま土間へ放り込むと、鶏たちは眼の色変えて殺到し、たちまち食いつくしてしまうのである。

ところが近代養鶏では、この緑餌を全廃してしまったのである。彼らはいう。「鶏は緑餌なしでも卵を産み続けるのである」と。なるほどケージ養鶏の鶏が緑餌なしでも生きていることは確かであるし（薬づけは別として）、そして卵を産み続けていることも確かであるが（鶏は少々の障害を乗り越え、身を削ってでも排卵作用を行なうように宿命づけられているのだが）、しかしそうだからといって、緑餌は不要であるという答にはならないのである。

体液の酸毒化防止

そもそもケージ養鶏の鶏があのように一日じゅう、騒音公害になるほど鳴きわめいているのは（元気がある故では決してなく）、実に欲求不満の悲痛な訴えにほかならないのである。

彼女たちは、新しい空気が欲しい、大地へおりたい、日光が見たい、繊維が足りない、緑餌が食べたい̀い̀——と絶叫しつづけているのである。

しかし、私の平飼いの鶏は（決して一〇〇％満足しているわけではあるまいが）、一日じゅうきわめて静かでおとなしいのである。時々卵を産んだ鶏の一部が、産卵宣言の鳴き声をあげるぐらいのもので、多くは黙々として大地をつつき、砂浴びをし、日光浴を楽しんでいるのである。

ケージの鶏が夏、息も絶え絶えの荒い呼吸をしたり、流れるような軟便をしたり、糞のにおいがはなはだしかったりするのは、体液が酸性に傾いている証拠である。濃厚飼料は酸性飼料であるから、そういう飼料ばかり与え続けていると、やがて酸毒症に陥り、慢性病の誘因となるのである。

体液が酸性に傾くと、それを中和するため自然の摂理——天与のサーモスタットが働いて、まず鶏の呼吸が荒くなる。次いで盛んに水を飲み、盛んに排せつをするようになる（夏はことにカルシウムが不足し酸性化が進むので、これらの現象がいちじるしい）。いずれも天の配剤による酸毒化防止の自然現象である。だから軟便は、酸性体質に起因する必然的現象と受け取らねばならない。

しかるに人間どもは、軟便の原因は単に暑さのため水を飲みすぎるからだと早合点し、制限給水などというむずかしい技術を用いるのであるが、これは鶏の焼けつくような水の渇望（酸毒化防止の生理的欲求）を断ち切る、残酷養鶏法にほかならない。

軟便がいやであったら、水を制限するよりも、まず鶏に草を与えるべきである。草はアルカリ飼料であるから、これを多給すれば鶏の体液は弱アルカリ化され、軟便はピタリとやむ。緑餌多給の平飼いの鶏は、夏場、気温が三〇度以上になっても、あまり荒い呼吸を示さないし、軟便をすることも全くないのである。

緑餌は太陽の缶詰

近代養鶏が緑餌を与えなくなったのはいつごろからか。おそらく完配飼料が現われ、鶏がケージに閉じ込められたころからであろう。完配飼料には各種ビタミン剤や、あるいはルーサンミールと称するアメリカ産の緑草粉末が、ほんの申し訳ていどに入っているから緑餌は不要なのか、あるいは緑草を刈る労力が足りないからか（時間が足りないからか）、または草の量が足りないからか、さらに回虫卵が草に付着しているのを懸念する故か、そして最後に合理化、大型化の障害となるからか。

鶏が緑餌を最も欲するのは、水を欲するのと同じく、酸毒化防止のためのやむにやまれぬ生理的欲求である。鶏がいちばん欲するところの草を、ただの一度もやらないで、そして飼い主のいちばん欲するところの卵だけを得ようと望むのはいささか虫がよすぎはしまいか。

労力を惜しむのもよいが、いちばん肝心なことを惜しんではならぬ。むしろ除糞の労力を鶏糞堆積床で節約し、そのぶん草刈りに回すべきであろう。それでもなお時間と労力が足りなければ、それは飼育規模が大きすぎるのである。

草は鶏糞さえ多投しておけば、鶏舎周りの空地や荒地にいくらでも育つのに、それを除草剤で退治して、わざわざ地球の裏側から船賃かけて運んだルーサンミールを使用するのもバカげているではないか。しかも日本は雨に恵まれ湿度が高く、緑草はアメリカの乾燥地帯の三〇倍も育つといわれている（緑草は特別のものを栽培しなくても、鶏糞を多投しておけば、自然とその土地に合ったものがいくらでも育つのである。毒草以外はすべて利用可）。

第8図　鶏舎のまわりに生い茂っている雑草

草は畦にも、土手にも、道端にも、川の岸にも、あるいは作物の間にも、次から次へと育つのである。緑草は太陽の缶詰、ビタミンの宝庫である。これを利用しないのは宝を捨てるに等しいのである。

ビタミン剤のごときは値段が高いばかりで（配合飼料メーカーがエサ代を高くする口実のひとつ）、効力は生草の足もとにも及ばない。緑餌中には分析して表わすことの不可能な未知要素があるといわれているのである。

草に付着した回虫卵などをおそれていたらなにもできはしない。病原菌をおそれるよりも、鶏の抵抗力を信用しなければならない。緑餌を多給すれば、むしろ鶏は回虫を体外に排出することのできる抵抗力を身につけるのである。健康な動物は回虫を保有しない、というのがわれわれの見解である。人間でも、弱い人が回虫や虫歯や結核におびやかされるのである。私は駆虫薬を全く使用しないが、鶏が回虫にやられたという経験は皆無である。

鶏にもシュンの若草を

また、緑餌を与えない人のなかには、一年じゅう均等に食わせ続けねばならぬと思い、それが不可能であればむしろ食わせないほうがよいと思い込んでいる人がある。なるほど緑餌は一年じゅう絶えることなく「均等」に、しかも多量に与えたほうがよいには違いない。しかし十二月や一月に、生育の止まった緑草をたくさん与えようとしても無理な話であり（サイレージ給与という方法もあるが）、また逆に陽春の候、刈っても刈ってもどんどん若草の伸びてくるときに、「均等」以上になるからといって抑えて、あまり多給しないのもバカげた話である。十二月、一月に与えられなかった分を、四月、五月に補う意味で多給していっこうにさしつかえないのである。これが自然のすがたである。

人間にもシュンのものがおいしく身体のタメになるように、鶏にもシュンの若草をどんどん食わせて鶏を喜ばせるべきであろう。牧草では五月、六月はクローバー・コンフリー、七月、八月はコンフリー・カンショツル、十月にはもう一度クローバー、十一月にはダイコン・カブ、これらはそれぞれシュンのものである。雑草にもいろいろな種類が、それぞれの季節に繁茂するので、それを片っ端から与えればよい。サイロはそれらをどうしても与えられない季節に、たとえ少しでも利用するために蓄えておく設備なのであって、草がいくらでも生い茂っているとき、サイレージを取り出して与える必要はないのである。

「繊維欠乏症」の防止

繊維不足を補う意味でも、緑草は利用されなければならない。鶏は歯を持たないので、エサを丸飲みし、それを筋胃の中で小石や繊維の助けをかりてすりつぶし消化しやすくするのである。繊維が足りなければ鶏は繊維欠乏症に陥り、これを求めて友だちの羽毛をつつくのである。人工的にエサを粉砕し消化しやすくしたオールマッシュを与えれば、繊維や小石は不要であるとする見解が、鶏のカニバリズム（つつき）を助長する。鶏舎の土間にたくさんの緑草を放り込んでおけば、鶏はつねにそれをつつき回し、友だちの羽毛などつつくことはしないのである。

草を与えるときチョッパーですりつぶしたほうが消化がよいと考えている人があるが、繊維の利用からいえばあまりこまかくしないほうがよいし、また緑草中のビタミンはこまかく砕けば砕くほど、空気にふれる部分が多くなってその損失が大となるから、チョッパーにはかけないほうがよいのである。むしろそのまま土間へ放り込んだほうが、有効利用される可能性が高い。切るならば、カッターでせいぜい一センチぐらいの長さにとどめておくのが無難である。

いうまでもなく緑草は、自給飼料としてエサ代の節約に役立つが、このことについては「飼料」の項で詳述する。

3　経営面における企業養鶏との相違

(1)　量産至上の時代は過ぎた

量産が至上命令であった時代は過ぎた。

なるほど人類は、五〇〇〇年（あるいは一〇〇万年）の長きにわたって労苦と欠乏とに堪えてきた。だから労苦と欠乏とからの脱出――「楽をしてたくさん穫《と》ろう」というのは人類五〇〇〇年の悲願であった。

養鶏が――養鶏にかぎらずすべての産業が、「最小の労力で最大の効果を」上げるため（効率と利潤の追求のため）ひたすら合理化、機械化、近代化、大型化への道を（汚染公害をまき散らして）歩んだのも、蓋《けだ》し当然の成りゆきであったといえよう。またそれは進歩・発展向上・繁栄を願う、やむにやまれぬ人間の本能的欲望の表われでもあったといえるのである。

だが、量産至上の時代は過ぎた。それは次のようないくつかの理由による。

過剰と不況

量産の果てには、過剰と不況とをその代償として受け取らねばならない。鶏卵に限らず、ミカンも牛乳も魚も繊維も鉄鋼もみんな大量につくりすぎている。欠乏時代には最優先であった量産も、このように軒並み必要以上につくりすぎたいまは、事情が異なっている。

一階から七階までスーパーマーケットにあふれる商品の山を見るがよい。人々はもうこれ以上「消費」のための余力を持ち合わせないのである。卵も食わねばならず、牛乳も飲まねばならない、米もパンも詰め込まねばならない。胃袋はもはやパンク寸前にある。

車を買えば運転しなければならず、ギターを買えばそれを弾《ひ》かねばならない。本も読まねばならず、旅行にも行かねばならない。二四時間スケジュールはいっぱいである。これ以上に需要を伸ばせといっても、それはどだい無理な話である（いまや消費は、費用の問題よりも労力と時間の問題である）。かくして内需の振興はすでに頭打ちである。輸出の増加もまた、後進国の追い上げと、先進国との摩擦によって、いつまでも期待をつなぐことはできない。この構造不況（すべての産業は多かれ少なかれ構造不況の様相を持つ）を克服できるかどうか。克服する方法があるとすれば、それは「拡大」の方向にはなく、「逆の方向」にあるのである。

人類の危機

大量生産は、浪費と破壊と汚染を伴い、それは人類の危機につながる。近代化、大型化による大量生産（大量消費も）が、エネルギーをはじめとする地下資源の浪費によって成り立っていることは周知の事実である。石油不足が「仕掛けられた虚構」であるとしても、そのことをもって石油資源の無限を証明することはできない。タカが粟粒ほどの地球である。石油などは必ず近い将来、枯渇するであろうことは目に見えている。石油のみならず、鉄も銅もアルミも同列たることをまぬかれることはできない。

資源の浪費の上に浮かんだ大型工業化社会が、資源の枯渇とともに滅ぶことは明白である。いま資源節約のために縮小生産を考えなかったら、やがてとり返しのつかぬことになるであろう。

また、大量生産が自然を破壊し、環境を汚染することなしには、その機能を維持できないことも周知の事実である。空中の酸素の減少と炭酸ガスの増加ひとつを取りあげても、そのことによって人類が近い将来、危機にめぐり合うであろうことは否定できない。

生命の安全が最優先である。大型メーカーには気の毒であるが、生命の安全のためには泣いて馬謖《ばしょく》を斬らねばならないであろう。

満たされない精神

ぜいたくと怠惰と安逸と、驕《きょう》慢と虚栄と無気力と、その温床は豊富と過剰にあるということである。欠乏のなかにあって一杯の麦飯を渇望し、これを押しいただいて食う。その感動、その感激は、高栄養食に飽き飽きしている連中には、理解することが不可能である。満腹感は安心感であっても、倦怠感たることを隠すことはできない。

豊富と過剰——量産だけが人々に幸せをもたらすとは限らないのである。

破滅からの回避

くどいようだが、本能的欲望の赴《おもむ》くままに（または経済的欲求の命ずるままに）、大量生産街道を暴走すれば、疑いもなく人類は危殆《きたい》に瀕《ひん》することとなる。本能が神の庇護のもとにあるからといって、つねに完ぺきであるとはかぎらない。飛んで火に入る夏の虫——火を欲するは虫の本能であるが、虫はその本能によって亡ぶのである。本能だからといって野放しにしておけば、人類のゆくえも夏の虫と大差はないであろう。本能に支配されてうまいものをたくさん食えば、成人病で倒れる公算が大きいのである。破滅は果てなき欲望の代償である。代償のない行為は存在しない。作用と反作用とはつねに等しいのである。

人間は反省のできる動物なのであるから、このあたりで人類の将来を深く慮《おもんぱか》って、盲目的本能から覚醒《せい》し、大量生産にブレーキをかけることを考えねばならないのである。手術の痛みを忌避するのは本能であるが、死か手術かという瀬戸際のとき、人々は痛くとも（反省の上に立って）手術を選んできたではないか。

話が横道にそれたようであるが、しかしともすれば欲望のとりことなって、もっと儲けようと増羽にふみ切り、合理化、機械化、大型化への道に迷い込む。その果ては薬づけ畜産による卵肉の汚染を招くという、企業養鶏へのコースを再びくり返さないためには、ここのところを——横道であったかもしれぬその根底を、深く肝に銘じておく必要がある。

(2) 農家養鶏の飼育規模

「手づくり」の養鶏

さてそれでは本筋へ戻して、農家養鶏の飼育規模について述べることにする。

もちろん企業養鶏にも、輸入飼料を湯水のごとく使って、河原の石のごとく汚染卵を市場に積み上げる大量生産態勢から後退してもらいたいのは山々である。彼らがいま、その飼育羽数を半分に減らしたと仮定しても(卵価の上昇により)、その収益は変わらないか、むしろ増大するにちがいない。いたずらに大増産して、卵の洪水と鶏糞の山に自ら悲鳴をあげなくても、充分の収入はあるはずである。

だが、企業養鶏へのおせっかいはやめよう。われわれはまず、自分の飼育規模について適正な認識を持ち、拡大へのブレーキを自らかけることに着目しなければならないのである。

農家養鶏が農家養鶏たるゆえんのものは、まずこの卵を大量に生産できないということが第一である。ベルトコンベア方式の大型養鶏と違って、われわれの農家養鶏は「手づくり」の養鶏である。一つ一つの卵に、農民と鶏の血が通っているのである。

手間をかけて小量生産

一人当たり一万羽飼育の大型養鶏では、一日一羽当たりの管理時間が三秒であるという。たった三秒間で、一羽の鶏にエサをやり、水を与え、卵を集め、糞を始末する。到底血の通った飼育管理ができるはずがないのである。われわれは卵を選別するのにさえ、一個三秒の手間は必要である。まして鶏をゆっくり観察したり、草を集めて鶏舎へ放り込んだりする時間を加えると、一羽当たりの所要時間は、大型システム養鶏の十数倍にもなるであろう。

「省力多収」——楽をしてたくさん穫ろうという本能的経済的要求を抑え、あえて「手間をかけて少なく穫ろう」ということに挑戦するのである。

イナ作でも、手間を省いて多く穫ろうとするから、機械化、密植、化学肥料と農薬の多投を必至とし、その代償に汚染米をたくさん受け取らねばならない。あえて「労力をかけて少なく穫る」ことに挑戦し、手植え、疎植、有機肥料、手取り除草でゆけば、その代償は少なくても、清浄な生命の糧が得られるはずである。

大型養鶏が三・三平方メートル当たり五〇羽（一ケージ二～三羽）も収容し、一人当たりの飼育羽数一万羽にも及んでいるのに反し、われわれ農家養鶏は三・三平方メートル当たり一〇羽、一人当たり飼育最高羽数一〇〇〇羽にすぎない。

あえて「労力をかけて少なく生産する」その卵は、薬剤フリーの自然卵なのである。手間を省いてたくさん獲って、しかも薬づけでない卵を得ようというがごときは、虎穴に入らずして虎児を得んとするに等しいのである。

飼育規模を決める条件

では農家養鶏を行なうにあたって、その飼育規模を具体的に一〇〇羽にすべきか、五〇〇羽にすべきか、あるいは一〇〇〇羽にすべきか、なにによってそれを決定したらよいのか、検討してみることにする。

飼育規模を決定する条件はたくさんある。たとえば資本（資本の大小によって飼育規模が決められる）、労働力、鶏舎資材、土地（立地条件）、飼料購買能力、卵販売能力、機械設備能力、そして収益（儲けの額に応ずる羽数決定）。だが、農家養鶏が飼育規模を決定するときは（もちろんこれらの条件にも左右されるであろうが）、もっとほかに大切な条件——これらの条件に優先するもの——がなければならない。

①緑餌の給与能力　緑餌給与能力によって飼育羽数を決定するということ、これが第一である。いやしくも農家養鶏を志す以上は、先述のように大自然の恵みを鶏に与えることが不可欠である。空気や日光は無限で無料と考えても、手間のかかる緑餌の給与がどれだけできるかということは、羽数決定の最重要な鍵とならねばならない。

草は大地さえあれば、そして鶏糞さえ多投しておけば、土手にも、道端にも、畦にも、荒地にも育つので、それは量の問題であるよりも、手間の問題として考えねばならない。草はその気になりさえすれば、籠《かご》をかついで一キロも二キロも歩けば、いくらでも得られるであろうが、その労力がたいへんである。労力の可能なかぎりにおいて、草の給与能力を決めねばならない。

一日一羽四〇グラム（雑草生育期に）、欲をいえば五〇グラム欲しいところだが、やむを得なければ三〇グラムでも我慢しよう。三〇〜五〇グラムという単位で、おおよその草採取可能数量を割って、飼育羽数を決定するのである（実際にはそんな厳密な計算はできないから、「どうにかゆけそうだ」という見込みで決定）。

第9図　家のまわりで野草の採取

②鶏糞の所要量　次は、鶏糞の所要量に応じて飼育羽数を決定する（企業養鶏では鶏糞焼棄却能力に応じて——というところであるが）。ことに鶏糞を有機栽培に利用しようとする複合経営においては、このことは緑餌給与に優先とはいわないが、重要な要素となるのである。

鶏糞の利用については後述するが、有機栽培をやろうと思えば、鶏糞の利用が最も手っ取り早くて肥効も高い。連年鶏糞だけであらゆる作物を栽培しても（大増産はともかく）、ふつうの収穫にさしつかえはない。土壌の改良にも役立つ。

一〇〇〇羽で一ヘクタール（一〇〇羽で一〇アール）の自給肥料は確保できよう。耕地面積に応じて、飼育規模を決定するひとつの目安である。ただし鶏糞多投栽培（カボチャなど）、または草地への投棄などはこのかぎりではない。

③労　力　先に掲げた条件のうち、労力に応じた羽数決定も、農家養鶏にとって大切な要件であるので付け加えておく（他の条件は説明の必要がない）。

労力の限界を越えた飼育羽数を持つと、必ず鶏の成績がわるくなり、卵質が低下し、経営不振に陥るので戒めねばならない。かといって人を雇って養鶏の労働力を増すのは、企業形態の養鶏となり、必ず「利潤の追求、合理化、機械化、人工コントロール、薬づけ」への軌道をたどることとなる。農家養鶏は自家労力の範囲内で羽数を決めなければならないのである（自家労力については後述）。

卵は少量食べるもの

このようにして農家養鶏が規模を大きくせず、「労力をかけて少なく生産する」という方式でゆくと、いうまでもなく自然卵はあまり多くの生産を期待できないことになる。工業卵との関係を一応断絶して（工業卵がどんなにたくさんあふれていても、それは問題外として）、話を自然卵だけにかぎって考えると、このような縮小生産の方式では、卵不足と価格の騰貴とによって、消費者は存分に自然卵を食うことが到底できないのではないかという懸念が生ずるであろう。

だが卵などというものは、貴重な穀物を七分の一のカロリーに縮小して再生産されるぜいたくな食物なので、そんなにゲップの出るほどたくさん食うものではないのである。それは少し足りないぐらいのところで渇望し、押しいただいて食うべきものである。

われわれが子供のころは、卵は高級食品であったから、病気にでもならないかぎり、めったに食べさせてもらえなかった。だから正月や祭などにときたま卵料理でも出れば、眼を輝かし躍り上がって喜んだものである。いまの子供は「また卵か」とため息まじりに、飽き飽きしながら食べている。この場合、いったいどちらが幸福で、どちらが身体のためになっているのか（しかも前者は自然卵で、後者は汚染卵である）。渇望は希望感をもたらし、飽食は倦怠感をもたらす。豊富に与えるばかりが幸せではないのである。

しかも卵は高栄養食品であるから、あまり食べすぎると栄養過剰となり、成人病の誘因となる（卵一個は牛乳一本《二〇〇cc》に比べタンパク質で四〇％多く、牛乳にない鉄が一・二グラムあり、これは有機鉄のため腸からの吸収がよいとされている。また豚のモモ肉、牛のバラ肉と比べ重量比で、タンパクは等しいが、カルシウム二〇倍、ビタミンA八〇倍、ビタミンB_2四倍、鉄二倍《脂肪は逆に少ない》と、非常にすぐれた栄養食品である）。

欠乏時代に生まれた栄養学

近代栄養学は欠乏時代に生まれた栄養学であるから、「栄養あるものをたくさん食えば、身体が丈夫になる」という発想のもとに成り立っている。ところが、どうもこの見解は誤りであるという反省がこのごろ生まれてきた。

食糧が過剰になりぜいたくになって、腹の突き出た成人や肥満児がめだち始めたのは、わずか二〇年足らずの間である。それまでは一部の富裕階級を除き、御馳走は食べたくても食べられない状態にあったから、「栄養過剰の害」などは考えも及ばなかったのである。わずか二〇年で美食と飽食の害が人体実験の結果現われ始めたということ——粗食と空腹のころには何千年の久しきにわたって見られなかった成人病の多発が、わずか二〇年で見られるようになったということ——は、「うまいものの食いすぎ」がいかに人体に害を及ぼしているかという証拠でなくてなんであろう。

いまや巷には栄養過剰で半健康の人間が激増しつつある。早朝マラソンでその解消につとめたぐらいでは到底及ばないのである。運動と同時に（運動《スポーツ》よりも肉体労働を！）、粗食と節食につとめなければ、蓄積された過剰栄養分の解消を図ることはなかなかむずかしいであろう。

故に卵などというものは、そんなにたくさん飽き飽きするほど食べないほうがよいのである。自然卵は需要に応じ切れないであろうが、むしろ供給不足のほうが消費者のためにもよいと思うがいかがだろうか。そして売り手市場維持のためにも——。

(3) 農家養鶏は自家労力で

雇傭労力の否定

先にもちょっと触れたが、農家養鶏は自家労力でなければならない。

自然卵はたくさん生産できないので、卵の供給が不足し、場所によっては買い手が殺到して、悲鳴をあげなくてはならぬような事態が起きることもある。そういうとき、つい消費者の願いをかなえてやろうという仏心と、もっと儲けてやろうという欲心とがムラムラと生じて、よしひとつ増羽にふみ切って、もっと増産しようという誘惑にかられることがある。

「農家養鶏が農家養鶏たるゆえんのもの」を固守できるかどうかという瀬戸際は、まさにこのときなのである。増羽――労力不足――成績と卵質の低下、無茶な増羽がたどる必然の結果である。このとき誰でも、その労力不足を補うため考えるのが「雇傭労力の導入」または「機械化、合理化」ということである。だがこれらのいずれかにふみ切ったとたんに、農家養鶏はその本質を喪失して、企業養鶏への道を歩き始めることになるのである。

「機械化、合理化」が企業への道であることはすでにしばしば述べてきたので、またここでくり返す必要はないが、「雇傭労力」についてはいま少しくわしく説明する必要がある。

そもそも農家養鶏では「労働報酬」が即「儲け」なのである。額に汗して働いて、大自然から恵まれた産物が、それが（労働報酬としての）儲けなのである。ところが人を雇ってその人に労働報酬を払えば、雇傭主はあとの儲けが残らなくなるので、ここに剰余価値を捻《ねん》出し搾取することによって「儲け」を得る必要に迫られる。

すなわち、労働報酬を正当以下に抑えて（賃金を安くするか、労働時間を延長するか、労働の質を向上して）、出てきた余剰分をピンハネする——これが企業形態の経営なのである。ところがいまは、被雇傭者も昔のようなお仕着せの給料では我慢していなくて、すぐ抗議を申し込むので、ピンハネによる儲けが困難となる。

そこでやはり合理化、機械化、石油づけという方式にならざるを得ない。するとそれに続くものは、人工コントロールであり、鶏の弱体化であり、薬づけ畜産である。無理な増羽はどの道、企業化による汚染畜産物からまぬかれることはできないのである。

無理のない適正羽数

農家養鶏は自家労力で——自分の能力いっぱいの、または能力の範囲内で、養鶏を行なわねばならないのである。これを逸脱することは許されない。逸脱は農家養鶏それ自身を失うことに通ずるからである。

一人で一〇〇〇羽——自然農作物との複合経営ではこれが限界である。農作物は自分たちが食う分だけつくるので、売却できるものは養鶏生産物のみである。その場合の限界が一〇〇〇羽である（これは私の経験から述べているのであって、私よりももっと効率のよい働きのできる人、馬車馬のように働くことのできる人は、また別でなければならぬ）。自家配合し、緑餌を充分与え、卵を手選別し、鶏舎を修理し、鶏糞を田畑へ施す、その労力が一人一〇〇〇羽の限界を越えては無理なのである。

もし農作物が自給程度ではなく、くだものや野菜の販売という複合経営を志すなら、また事情が異なってくる。そのための労力は当然養鶏の労力から差し引かねばならないので、一〇〇〇羽が八〇〇羽となるかもしれず、あるいは五〇〇羽となるかもしれない。鶏糞所要量ともにらみ合わせて、どこかで羽数に一線を画すこととなる。

いずれにせよ、どの作業においても無理のないようにすべきである。あまり無理しなくても大自然相手に毎日働いていれば、「必ず大自然はその労働に見合った報酬」を与えてくれるものであるから、そんなに欲を出して（汚染をまき散らし）多く儲けようとすることはないのである。

三、有機栽培と農業人口論

1　鶏糞利用の有機栽培

(1)　鶏糞のこの効果

鶏糞単用・多投で栽培

有機栽培を行なってその収穫物を消費者に直売、または自給食糧にしようとするものは、鶏糞の利用と、売れ残りの（または食い残りの）農産物始末のため、副業養鶏を組み込むことが最も望ましい。有機栽培における堆肥つくりとその施用のわずらわしさは経験ずみかと思うが、有機肥料を鶏糞単用でゆくときわめて容易に有機栽培に取り組むことができるのである。鶏糞単用、そして多投、連年くり返しというこの単純施肥で、作物は（大増産はできなくとも）ふつうの収穫が可能である。私は三〇年近くこの方式で、一片の化学肥料もひとすくいの農薬も使用せずに作物を栽培し続けてきたが、そのために障害をこうむったことは一度もない。一家七人(いまは三人)食べるだけの収穫は毎年保証されているのである。

「自然の鶏糞」でなければ……

鶏糞単用、多投といっても、その糞は養鶏工場の酸性体質の鶏が排せつしたにおいの強いドロドロの糞を火力乾燥し、人工粉砕したものではダメである。大地の上に糞を落とし(雑草や後述の「ノコクズ発酵飼料」を多食した弱アルカリ体質の健康な鶏は、固いそして無臭の糞をする)、その鶏はオール開放の大地の上で自然乾燥し、鶏の足かきで微粉状となり、そして土間へ投げ込んだ雑草や野菜クズの残りと混和し、土中の微生物が繁殖して、その微生物の分泌によってつくられた酵素やビタミン類が含まれている、そういう自然の鶏糞でなければならない(これを熟成糞という)。

こういう糞を使えば石灰はなくとも、酸性土壌に弱いホウレンソウでもスイカでも育つ。そしてハコベが生えてくる(ハコベは酸性土壌に弱い)。火力乾燥で微生物を焼き殺した工業生産の酸性鶏糞では、土壌の改良はむずかしいと思わねばならない。

そしてこのような自然鶏糞を得るのは、なにも特別の装置や作業は必要ないので、ただ大地の上に鶏を飼い、四季四面オール開放にし、そこへ雑草やワラクズや残滓物などを放り込み、足かきによる運動をさせ、鶏糞を必要以外あまり取らないで放置さえしておけば、自然と鶏舎の中に積もってくるのである。

病害虫に強い作物

しかもこの糞は田畑への施用に際して、金肥と大差ないやり方で散布できる。もちろんその量は金肥とは比較にならぬ多量を必要とするが、粒状金肥のような形状となっているので、散布のわずらわしさはない。種子《たね》をまくとき作条・作溝して、そこにニンジンやダイコンや麦やゴマの種子をおろし、その上へ覆土の代わりにこの粒粉状鶏糞をうすくまいておくと、覆土、施肥、保湿の一石三鳥の役目を果たす。

第10図　イネの有機栽培（疎植）

糞が鶏舎に積もって床が高くなりすぎるようなら、この糞を草地へ捨てておく。糞臭は全くないので（私の所へ見学にきた消費者が、自分の食べたアルミの弁当箱に、この糞を詰めて庭先園芸用に持ち帰ったほどである）、公害の苦情が出るおそれはない。一〇～一五センチの厚さに敷いておいても、夏を中心とした季節なら半年でそれは腐植土に還元される。

イナ作の追肥などにも、木灰をまく要領で利用できる。元肥は代かき時にすき込むが、私はあまり多収はしていないので（除草の問題もあって収量は一般の化肥農薬栽培の三分の二ていど)、多収目的の人におすすめするのははばかられる。収量は少なくても有機栽培の米を、という人は試みられるとよい。

野菜でもイネでも鶏糞栽培で病害虫にやられることはほとんどない。有機栽培の作物は病菌、害虫に強いといわれるが、そのとおりである。ただし野菜など畑作も疎植にして、日光や空気のよく通るようにしておくことはイナ作と同じである。すると畑に草が生えるが、この草は鶏の飼料に鶏舎へ放りこむ。

(2) 残り物を処理する鶏たち

鶏糞利用と並んで、「鶏による残り物の始末」は、複合経営上きわめて必要なことである。有機栽培をしてこれを消費者に直売するとき、生産物のすべてを消費者に引き受けさせようとしてトラブルを起こし、直売方式が長続きしない例がよくみられる。消費者も少しぐらいの余りなら我慢して始末するであろうが、しょっちゅう余剰を買わされてはたまらないから苦情が出ることになる。

そのようにして無理に消費者に押しつけておくと(たとえ有機栽培存続のため好意的に受け取ってくれたとしても)、そのために恩顧をこうむって弱身をもつことになるので、農業の自主性を貫くことが困難になってくる(援農制もその一つ。援農をうけねばならぬほど経営が過大であることは問題であろう)。

こういうとき残り物を始末してくれる家畜がいれば、弱身をみせなくともよいし、売り手市場を崩す心配もない。消費者が買ってくれなければ、それは鶏のエサにするだけである。ダイコン、イモ、ネギ、葉菜、くだものなど、鶏のエサにならぬものはひとつもない。人間が食うものは全部鶏のエサになる。

ダイコンやカボチャやカンショを鶏に与えるとき、煮たりすりつぶしたりする必要はない。断嘴《し》(後述)さえしなければ、鶏はそれらのことごとくを嘴《くちばし》でつついて食ってしまうのである。鶏の嘴は天与の潰切器である。ケージではもし与えるならば細かくすりつぶして一羽一羽に人間が近づいてイモやカボチャを与えねばならないが、平飼いであれば一ヵ所に放り込むだけで、鶏のほうが寄ってたかってみんなでつついて食うのである。

農業は消費者を養うためにあるのではない。それは農業者自身の生命の糧《かて》を得るためにあるのである。だから農民が自給してその余った残りがあれば、不耕の人(消費者)に乞われて分かち与えるのである。これが農業の自主性を貫く二本の柱の一本である。もう一本の柱は先に述べたごとく、自然の恵みを生かす自然循環型農業を営むことによって商工資本や行政から独立することである。

自然循環型農業で、断嘴をしたり、除草剤を使ったり、鶏糞を焼却したり、強制乾燥したりというような破壊型作業を一つでも行なうと、そこで循環は断ち切られることとなる。断ち切ったその間隙へ必ず商工資本が食い込み、行政が横柄に割り込んでくるから、われわれは大自然の続くかぎり、大自然とともに、大自然の恩恵だけを頼りに、循環型農業を営む姿勢を崩してはならないのである。そのための畜産であり、養鶏である。「儲け」は二の次であり、それは乞われて与えたための報酬なのである。

2　私の農業人口論

(1)　縮小生産と農業人口

大量生産が汚染を伴うことなしには遂行できないので、これを縮小生産の方向に持ってゆき、農産物（卵肉）と環境の清浄化を図り、あわせて過剰と不況とから脱出する。次いで消費者は飽食とぜいたくとから訣別し、健康と素朴とを取り戻す。

私がこれまで述べてきたことはこの数行につきるが、だがここでひとつの障害にハタとつき当たることも予想しなければならない。それは縮小と耐乏とがその度を越すと（ということは大型農業がすべて後退すると）、いまのままの農業労働力では、朝星夜星の過酷な労働をもってしても到底間に合わず、不足から欠乏へ、欠乏から飢餓へ、そしてパニックへと進むおそれがないか、ということである。

だがそこであえて私は言いたい。「農業人口はもっとふやす必要がある」ということを——。田中角栄元総理が列島改造論のなかで、わが国の第一次産業人口はいま一七・四％であるが、これは多すぎるので一〇％ほど削減し、七％にする必要がある、ということを述べている。とんでもない話である。私は、第一次産業人口（わが国ではその大部分が農漁業人口であるから、それは食糧生産人口と見なしてさしつかえあるまい）が一七・四％でさえはなはだしく少なすぎると考えているのに、それをまた一〇％も削減して、たったの七％にするとはいったいナニゴトであるか。

(2) 農業人口減少が招くもの

およそ少ない農業人口で多くの人々を養うということはたいへんなことなのである。古来、人間は自分の食い扶持《ぶち》を自分でつくる（または探す）のがやっとであって、他人の食い分までつくるということは、実に容易ならざる労力を必要としたのであった。封建時代領主に食糧を強奪された百姓が、どんなに苛酷な労働に堪えねばならなかったか。またつい最近まで（終戦時まで）、地主を通じて都市生活者に食糧をまき上げられた小作百姓が、いかに汗と涙を泥田に注いだかを想《おも》い起こしていただきたい。

しかも当時の農業人口は（江戸時代はいうまでもなく明治においても）、総人口の過半数を占めていたから、いわば五〇％の農民であとの五〇％の人口を養っていたのであるが、それでさえあのありさまである。いわんや一七%で八三%の人口を養うにおいておや。

しかるに角栄元首相が、さらに農業人口を減らしてたったの七%で九三%の「不耕人口」を養わせることが可能であると考えるに至ったのはほかでもない、近代農法のおかげなのである（もっとも田中首相は輸入食糧依存が本命であったかもしれぬが、いずれにせよ、海外においても近代農法によって増産されていることに変わりはない）。まともに有機農法などやっていたら、いまでも同じく五〇%で五〇%を養うのがやっとであるに違いない。

近代農法、いうまでもなくそれは石油農業――莫大な化学肥料と農薬と農業機械とビニールなどの施設用資材と、燃料重油との上に浮かんだ「油上農業」のことである。

わずか七〜一七%の農業人口で（アメリカではもっと少ない）、その何倍もの「不耕人口」に食糧を供給してゆくためには、このようにして内外を問わず、どっぷり石油づけ農業とならざるを得ないのである。ここに大地と農産物の汚染が始まる。

一七・四%でさえ、単位面積当たり世界一の化学肥料の施用量と農薬の散布量を誇る日本の農業である。それが角栄元首相のいうように、さらに一〇%削減されたらどうなるか。動力噴霧機とヘリコプターで、日本の農地という農地は、雨アラレのごとく農薬を浴びて真っ白となり、田中式ブルドーザーやトラクターやコンバインが、縦横無尽に大地を引っかき回して、先祖伝来の田園風景は跡かたもなくなり、化学肥料もまた土壌微生物が窒息するまで多投されるに違いない。

百姓は農薬中毒で倒れるものが相次ぎ、消費者は汚染された農産物でことごとく病気となる。少ない農業人口で多くの人口を養うために生じた、これは当然の帰結である。

(3) 第三次産業について

では、なぜかくまでにして農業人口を減らさねばならないのか。

農業人口を減らさねばならぬということは、すなわち農業以外の人口をふやす必要があるということである。工業優先——まず第二次産業人口をふやす。農業経営の規模を拡大させ、農村で余った人口を都市へ追い出し、そこで製造業や加工業に従事させ、企業の利益をあげさせる。ところがこの第二次産業も合理化、大型化、オートメ化が進んで(石油の力を借り)、生産量が拡大され、製品の供給がオーバーとなる。ついには人員を減らして、第三次産業人口をふやす段取りとなるのである(これが為政者のいわゆる文化国家というものなのか)。

第三次産業——サービス業、有閑業、虚業のことである。政治家、軍人、役人、学者、評論家、芸術家、スポーツマン、芸能人、ホステス、デザイナー、ジャーナリスト、モデル、暴力団——要するに一物の生産をもすることなしに収入を得ている人々の行なう仕事のことである。あってもなくても人類の生存にはさしつかえないような、なかにはあればむしろ害になるような仕事もそれに含まれる。こんな仕事に従事する人々をふやすために、「人類生存のための必須産業」である農業に従事する人人を、汚染農産物と引き替えに削減するとはナニゴトであるか。

第三次産業人口は（田中元総理の思惑よりはスローだが）、現実になおも農家人口を削減することによってふえ続け、それはいまや五〇％のラインを越えているといわれる。皮肉な見方で言えば、第三次産業は食糧の確保の上に咲いたアダ花である。

またこのような一物の生産をすることもなく、収入だけ得ている（第三次産業）人口が多ければ多いほど、通貨の出回りが多くなり、物価はつり上げられ、インフレの様相が深まる。不況（過剰生産）のなかのインフレという奇妙な現象は（紙幣乱発財政と相まって）ここに起因するとも考えられる。

(4) 私の提案

農家人口はもっと（はるかに）ふやさねばならない。そして第三次産業人口（有害第二次産業人口も）は思いきって減らさねばならない。そのための失業者は必須産業へ（エネルギーを節約し再生産のできる原料を用いた手づくり産業へ）、農村出身者はすべて帰農、手で草を取り、家畜を飼い（小羽数平飼い養鶏）その畜糞を田畑へ施し、手間をかけて、努力を払って、清浄な農産物をみんなでつくるのである。

いうまでもなく農業が大人口をかかえては、文化生活（あるいは物質文明）はいちじるしく後退するであろう。だが農民に苛酷な労働を強いて、食糧の確保のうえに、余剰の仕事として花咲く(近代)文化生活とはいったいなんであったか。祭(人々が集まって騒ぐこと)と娯楽とオモチャとアクセサリーと、ひとたび食糧不足がくれば、もろくも崩れ去るであろうそれは、奢《おご》れる人々の愚かな砂上の楼閣にすぎなかったではないか。

そしてその奢れる人々によって人類は、一歩一歩と破滅の深淵へ追い込まれつつあるのである。破滅と引き替えにあがなわねばならぬほど、便利と豊富と安逸と繁栄と——祭と娯楽とオモチャとアクセサリーとは、人類にとって大切なものであるのかどうか……。

四、鶏の食性とエサ

1 鶏のエサを考える

——粗飼料と濃厚飼料——

(1) キジの内臓を調べると……

冬期、キジを捕えてその嗉嚢《そのう》を調べると、茶の実が硬いカラのままで二、三個、それに広葉常緑樹の葉がこまかくちぎられて数葉、あとは腐葉土がいっぱい詰まっているのである。これは比較的雪の少ない私の地方で捕えたキジの場合であるが、もっと奥地へ入って、茶の北限を越え冬じゅう雪に閉ざされた地方へ行くと、キジはさらに粗悪なもの（熊ザサの葉、木の枝先——春やがて芽をふく部分——、そしてあとはやはり腐葉土をいっぱい）を食べている。

自ら選択したエサとはいえ、冬場のためこのように限られた粗飼料で、キジはしかし肉づきもよく健康そのもので、酷寒に堪え雪の山野を飛び回っているのである。完全に保護された近代鶏舎で濃厚飼料ばかり食っている鶏が、薬剤なしでは病気から逃れることができないのと、よく対比してみなければならない。

(2) 近代栄養学の発想法

昔、農村婦人は、麦めしに味噌と漬け物で、しかも激しい農作業に明け暮れながら、数人以上も子供を産み、たいていの人がことごとく母乳で育てあげたのであった。これをいまの若い母親たちが、電化製品の中に埋まり、高栄養食を飽食しながら、一人の子供すら母乳で育てることができないのと比べて、粗食と美食とどちらが人間の健康に役立つのか深く慮《おも》いみるべきであろう。

世界の長寿地帯ソ連のコーカサス地方や、日本の長寿村、山梨県の上野原町棡原《ゆずりはら》では、長生きの秘訣は「よく働いて腹をへらし、粗食をおいしく食べること」が第一であるという（もちろんそのほかにも長寿の原因はいろいろあるであろう。しかし棡原でも、近代化の波が押しよせ手間を省いてうまいものを食べるようになってから、ご多分にもれず成人病が多発し、五〇代で倒れる人が出始めたという。粗食と労働以外にも数多くあったかもしれぬ長寿の原因を、美食と安逸とが完全に吹き飛ばしてしまったのである）。

だが、近代栄養学は「うまいものをたくさん食えば身体が丈夫になる」という発想のもとに成り立っている。近代栄養学——別名それは「欠乏の栄養学（欠乏時代に生まれた栄養学の意）」ともいう。

人類はその生誕以来一〇〇万年、つい最近まで（石油浪費時代に入るまで）つねに食糧の欠乏にあえいできたのである。だから「うまいものをたくさん食いたい」というのは、人類一〇〇万年の宿望であった。そういう背景のなかで生まれ育ってきた栄養学が、高栄養食一辺倒であるのも蓋《けだ》し当然のことといわねばならない。

養鶏飼料もまた（科学的分析とともに）、この近代栄養学の考え方を受け継いで、ひたすら濃厚化の一途をたどってきた。さらに効率の追求という経済的使命によって、それに拍車が加わることになる。エサを何キロ与えたとき卵が何キロ得られるかというソロバンが、エサの濃厚化を促進してきたことは否めない。それは科学的分析の度を越えてエスカレートしてきたフシもあり、いまやエサに脂肪を混入することすら考えられているのである。

(3) 鶏は粗飼料を歓迎

ところで鶏が、後述するノコクズ飼料や雑草を濃厚飼料よりも好んで食うのは、もともとキジと同じく粗飼料のほうが身体にも嗜好にも合っているからである。

餌《え》付け二日目に、チックフード（幼すう用完配）とノコクズ発酵飼料とを別々の器で与えると、ヒナは（エサに慣れるひまのない餌付け二日目に）ノコクズ発酵飼料を食べつくし、チックフードを食べ残すのである。これはヒナが「先天的に」粗飼料を要求している証拠でなくてなんであろう（もちろんノコクズ飼料ではチックフードよりもはるかに成長が遅れる。だが、それによってヒナは「早く大きくなりたくない」ということを意志表示しているのである。そしてそのことが将来の鶏の健康度、生存率のアップに役立つことになる（くわしくは「育成」の項、「初産延期」の項で述べる）。

卵を産むのにも粗飼料で充分である（「自由摂取」の項で後述する）が、われわれはむしろ、少し控えめな産卵のほうが鶏の体力維持のためにも、卵質を落とさないためにもよいと考えている（「腹八分産卵」の項で述べる）。エサ代を安上がりにすれば（卵を高く売ることも手伝って）、産卵が少々控えめでも採算がとれるからである。

(4) 濃厚飼料によるゆがみ

濃厚飼料は、先にも述べたごとく体液の酸毒化を招き（たとえそれが病気を誘発しなくとも）、まちがいなく栄養過剰をもたらす。ことに運動のできないケージ飼育ではそれがはなはだしい。いかにエサ効率をよくし生産性を向上するために濃厚化を望んできたにせよ、鶏が鶏体を維持し卵を産んでなお栄養が余り硬脂肪が沈着するようでは、近代養鶏といえどもその対策を考えざるを得ない。ここに苦肉の策として「制限給餌」という技術が台頭したのである。それは養分をいったん「高めておいてまたカットする」という徒労にすぎないが、完配に依存するかぎりはやむなく、この新技術を駆使しないわけにはゆかないであろう。かくして鶏が腹をへらし退屈し、友だちの尻をつつくようになる。

しかし鶏が友だちの尻をつつくのは、単に空腹だけの理由ではない。たとえ濃厚飼料が腹いっぱいで食い余すほどエサ箱にあっても、鶏はやはり友だちの尻をつつくのである。それは濃厚飼料だけで飼育すると、鶏は繊維欠乏症に陥るからである。歯を持たない鳥類にとって、繊維は(小石とともに)歯の代わりの役目を果たす必須のもので、その繊維が欠乏すると鶏ははなはだしく繊維を欲求し、それを充たす物が全く周囲になければ、「しかたなく」友だちの羽毛をつつくのである。

さらにいえば、鶏は、つつくのが稼業であり天性である。ヒナが生まれるときいちばん初めに示す動作がこの「つつき」であることはごぞんじであろう。ヒナは卵のカラを内側から嘴でつついて破り、この世へ出てくるのである。そうして、床の上に落ちているどんな微細なものでも見つけて必ずつついてみる習癖を、生まれながらにして備えているのである。鶏から「つつく」ことを奪ったら、あとにいったいなにが残るというのであろう。だから、鶏舎にはつねになにかつつくものがなければならない。つつくものがなければ、鶏は必ず友だちの尻をつつく。

単飼ケージでも隣の友だちをつつくし、二羽飼い、三羽飼いなら同居の友だちをつつくことになる。さらに育成中はコンクリート上で群飼されるのがふつうであるから、その間に被害がはなはだしく広がるのである。これを防止するための苦肉の策に断嘴という技術が開発された。友だちをつつかねばならぬほど鶏をいためつけておきながら、その原因には頬かむりして、なんの罪もない鶏の嘴を切断するとはナニゴトであるか。

要するに「つつき」の元凶は、つつくものがなにもない環境と、繊維のはなはだしく不足している濃厚飼料とにあるのである。だから尻つつきを防止するには、繊維の多い粗飼料と、つつくもののある平飼いの環境を与えるべきであり、断嘴は最悪の手段であることを肝に銘じていただきたい（「断嘴」についてはあとでくわしく述べる）。

さて、以上で粗飼料への基本的な理解がいただけたであろうから、これから自家配合やノコクズ発酵飼料について述べることにしよう。

2　自家配のすべて

(1)　自家配合か他家配合か

真の自家配とは

自家配合といえば、単味飼料を組み合わせて自分でエサをつくることであるが、それならば「わが社においても自家配合して傘下養鶏場へ配っている」という商社養鶏が現われたり「当組合も組合の自家配工場を持っている」という養鶏団地が出てきたりするのである。この筆法でゆくと、全農から配合飼料を求めている養鶏家についても、全農という一グループ内での「自家配」ということになり、日本の配合飼料の大半が自家配合に化けてしまうことになるのである。

ついには日本という一グループ内でのすべての配合飼料は、日本養鶏の「自家配」であるという理屈も成立しないことはない。

そうなると、「農家養鶏は自家配合で――」とこれから私が主張しようとすることはどこやらへかすんでしまって、企業養鶏との相違はエサに関するかぎりぼけてしまうことになるのである。

だが、そんな見えすいた詭《き》弁に惑わされてはならないのである。三菱の配合工場でつくった完配が、三菱系の下請養鶏業者の「自家配」であるなどという主張はナンセンスである。自家配というからには、どんな材料をどんな組合わせで入れるかということを、「自分の意志で決定」し、作業に際しては「自分の眼で確認」し、「自分の手で実際に配合」するのでなければならない、と私は思うのである。

エサ配合が自分の眼と手を離れて、「他人」によって行なわれたとたんに、それは自家配の効力を失う。たとえそれが同じグループの隣のおっさんの手によって行なわれたとしても、「わが手」で行なわないかぎり、それは自家配のレッテルを張ることはできないのである。組合のおっさんがやったにせよ、商社系の配合工場でつくったにせよ、そのエサの中になにが入っているか確かめることができず、しかもその内容を自分の意のままに変えることができなければ、自家配とは名ばかりで実質は他家配合以外のなにものでもない。

制限を受けるのは原材料入手だけ

自家配合は自分にとって自由自在の配合であるべきで、「この魚粉の割合は多すぎる」のに我慢しているのでは、そのひとつだけでもとんでもない不自由な制約をこうむっていることになるのである。われわれが自家配において制約をうけるのは、ただ原材料の入手についてだけで、あとはすべて自由自在に行なわれなければならない。

ことに、未利用資源活用の自給飼料配合においてはなおさらであろう。近くで安価なエサが手に入るとき、またはカボチャや雑草や野菜クズがたくさんあるとき、それを自分の意志で自由に駆使し活用しなければ、それは役立たずに終わってしまう。自家配は、そういうものを自在に配合に組み込むために存在するのである。農家養鶏は自家配で、というのは、このことを指しているのである。

だから、これから私の述べる自家配についての説明は、単にひとつの「目安」にすぎないので、実際はあなた方が自分で自由に行なうべきであるということを銘記されたい。これはそのまま「踏襲」すべきではなく、あくまで「参考」にしていただかねばならないと思うのである。

(2) 自家配の原則

自家配の材料はできるかぎり自給飼料や未利用資源を活用して、足りない分を購入で補うようにすべきである。

　もともと畜産が農業の一環として存在し、自然循環型自立農業を支える柱となるためには、家畜の飼料は購入に頼らずすべて自給でゆくのが本旨でなければならぬ。飼料を購入に依存すれば（肥料の購入と同じく）、その分だけは必ず自然循環の枠外へはみ出し（自立の反対は依存であるが故に）、農業の自立からその分だけ必ず遠ざかるからである。家畜（人間）の糞は大地へ、大地から穫《と》れたものは家畜（人間）に――すなわち飼料（食糧）自給と肥料自給の態勢が磐石《ばんじゃく》であれば、そこに自立を脅かす行政や商工資本の入り込む隙はないはずである。

　ところで、そういう純粋な自立態勢というのは、いうまでもなく閉塞《そく》的なそして強制干渉のない自給自足の域から決してはみ出さないことを前提条件とする。われわれが近代社会の一端にしがみついているかぎり、すなわち自分の食い扶持《ぶち》のみならず、他人の食い分もつくって売却し、その代金で工業製品を購入して生活するという状態のもとでは、完全自立の実現はなかなかむずかしいのである。故に、飼料も到底自給だけでまかないきれるものではなく、他人の食い分をつくり出す材料として、その一部分を購入に頼らねばならないこととなる。

　言い換えると、自分の食べた分は排せつして大地へ還元することができるが、他へ売却した分は紙切れ（紙幣）に代わるだけで大地へは戻すことができないので、その分は一部購入飼料を通じて大地へ還元しなければ、やがて有機栽培が不可能となり、化学肥料に頼らねばならなくなるということなのである。

ことに第一次産業人口が減少し、第二次、第三次産業人口が異常にふくれ上がってきた現状においては、好むと好まざるとにかかわらず、農産物をこれらの不耕人口に供与し続けねばならないのである。これを拒否すれば彼らは強制徴収という、領主や地主や食管法が行なってきた強盗的手段を敢行しても食糧をまき上げるに違いない（食管法は両刃の剣である。いざというときの「供出（強盗）」を合理化するためには、いま不要な「買い上げ」を忍んでも、これを温存しておかねばならないのである）。

かくのごとくわれわれが、農産物の供与という形で近代社会とかかわりを持っている以上は、飼料の購入、そして残念なことだが、外国産穀物の一部利用もやむを得ないであろう。

農業自立への道

ただ、治にいて乱を忘れず、いつの日にか輸入穀物の途絶（あるいは不足）という事態が生じたとき（それは政治的戦略背景や気象条件や地下資源の欠乏などによって惹起《じゃっき》されよう）、いつでもこれに対応できる対策と技術だけは、いまから用意していなければならないと思う。輸入穀物の途絶（不足）、それは真っ先に濃厚飼料依存の畜産を直撃する。このイザ鎌倉というとき、なんらの対策も技術もなければ、ひとたまりもなくその畜産は壊滅せざるを得ない。われわれはそのとき外国飼料依存の分だけ羽数を減らし、ただちに自給態勢（一部国産依存、つまりヌカ、クズ米、クズ麦、クズイモなどを利用）に入ることが可能でなければならない。

また逆に、石油文明がますますエスカレートし、日本の農業が化学工業（石油タンパク）や工業的畜産によって駆逐され、第二次、第三次産業主体の社会が実現すると仮定しても、この自給飼料↓家畜↓自給肥料という態勢をとりでとするならば、われわれは、商工業やサービス業が農業をすっかり見捨てても、なんらの痛痒《つうよう》を感ずることはないに違いない。われわれ百姓が生存してゆくのに必要なものは、究極的に、商工業やサービス業から与えられるのではなく、大自然から直接与えられるのである。

要するに、自給優先——購入依存（外国産依存）は必要最小限にとどめる——ということである。われわれはすでに「小羽数」という段階において輸入穀物の浪費を避けているが、さらに可能なかぎりの節約は心がけねばならない。それがイザ鎌倉というときへの用意である。

(3) 鶏の単味飼料自由摂取試験
——自家配への確信——

鶏の食性について

さて、完全配合飼料（完配）の配合割合の基礎となっている飼養標準というのは、どのようにして決められたものであるのか。

おそらく鶏体や卵を分析して出てきた要素と数値、それに各飼料の含有養分と消化吸収率を勘案して、なにをどのぐらい与えれば鶏体を維持し、卵を何％産むことができるかを計算して決めたものであろう、と思う。私は栄養学のことは勉強していないのでくわしいことはわからないが、化学肥料が発明されたいきさつは、植物を焼いて残った灰の中から植物を組成している要素を分析して、チッソ、リンサン、カリという化肥をつくり出したということである。

それと同じようなことが飼養標準作成の場合にも行なわれているのではないか、と私は素人判断をするのである。

この筆法でゆくと、鶏はすなわち鶏体ないしは卵と同じ養分のものを摂取しさえすれば、それで鶏体の維持も卵の生産もとどこおりなく行なわれるということになる。そうだとすれば、鶏は「鶏と卵を食う」のがいちばん自分自身に合った食事ということになりはしないか。牛は牛を食い、豚は豚を食うのが「完全食」ということではないのか。

しかし牛は草を食い、豚はイモやヌカを食っている。そして牛は草を、豚はヌカを変じて自分の肉とすることができるし、人間も米と味噌を食って（あえて肉を食わずとも）、自分の身体をつくることができるのである。

動物には食性というものがある。それは天与の嗜好によって（あるいは捕獲能力によって）、その動物に合った食物が初めから（太初から）決められているのである。

ネコにミカンを与えてもネコは食わないし、サルにネズミを与えてもサルは食わないのである。人間だけがなんでも食うようになったが、これは猟と栽培の進歩、それに火と調味料と料理を駆使することによって自分の食性を変えたからである。それが人間を大繁殖させた原因であるとともに、人間を病弱にした素因でもあるのではないか。

もしも人間が釣り道具も網も銃もなくて素手のままで食物を得ようとすれば、その捕獲能力は、木に登って木の実やくだものをとり、または土を掘ってイモを取り出し、前歯と両手で皮を剝《む》き、奥歯で嚙《か》み砕く、という域を越えることはできないに違いない（犬歯はおそらく固い木の実——栗やクルミ——の皮などを処理するためのものであろう）。素手では到底マグロも牛もつかまえて食うことができないし、そして火も鍋も醬油もなければ、牛の肉など嗜好上とても喉を通るものではないに違いない。これがそもそもの人間の食性である。

それでは、鶏の食性はどのようなものか。それは草の実であり、雑草であり、腐葉土であり、ミミズであり、昆虫である。鶏はそういうものを食うのに都合のよい身体、器官を持っているし、そういうものが嗜好にもよく合っているのである。

野生の鳥は栄養学も飼養標準も知らないで（自然の掟《おきて》に従い）、自らの欲するものを欲するままに（またはあり合わせの中から選んで）食べて、完全にその健康を維持しているのである。むしろ「完全配合」されたエサを与えられている鶏のほうが、完全な健康を維持できないでいるのである（もちろん鶏の健康を左右するのはエサだけでなく、先述のとおり空気をはじめその他たくさんの問題があるけれども——）。

第3表 日本飼養標準（タンパク質，エネルギー，アミノ酸，ミネラルの要求量）

栄養素 ＼ 鶏齢	幼すう（0～4週）	中すう（4～10週）	大すう（10～20週）	成鶏（産卵期）
粗タンパク（CP）（%）	20.0	16.5	14.5	16.0
可消化養分総量（TDN）（%）	68	68	64	66
代謝エネルギー（ME）（kcal）	2,800	2,800	2,600	2,700
アルギニン	1.20	0.95	0.72	0.80
リジン	1.10	0.90	0.66	0.50
メチオニン	0.75 {0.4	0.60 {0.32	0.45 {0.24	0.53 {0.28
シスチン	0.35	0.28	0.21	0.25
トリプトファン	0.20	0.16	0.12	0.11
グリシン	1.00	0.80	0.60	—
イソロイシン	0.75	0.60	0.45	0.50
ロイシン	1.40	1.10	0.84	1.20
フェニールアラニン	0.70	0.55	0.42	—
スレオニン	0.70	0.55	0.42	0.40
バリン	0.85	0.70	0.50	—
ヒスチジン	0.40	0.32	0.24	—
チロシン	0.60	0.50	0.36	—
カルシウム（%）	0.80	0.75	0.50	2.75
総リン（〃）	0.60	0.60	0.45	0.75
有効リン（〃）	0.45	0.45	0.39	0.60
ナトリウム（〃）	0.15	0.15	0.16	0.12
マンガン（mg）	55	55	55	65
亜鉛（〃）	50	50	50	33

注） アミノ酸要求量の単位は%。
マンガン，亜鉛は飼料1kg中の含量。

完配への疑問と私の試験

以上のようなことから私は、完全配合飼料が果たしてほんとうに完全か、ということに疑問を持ち、次のようなテストを行なったことがある。

それは鶏群に各単味飼料を別の器で与え、鶏がなにを好み、なにをどのくらい食べて、そしてどれほどの産卵をするかという調査であった。学者が机上で、鶏体や卵を分析してそれをもとに勝手につくりあげた飼養標準と、鶏自身が天与の食性によって自ら選んだ摂取比率と、果たして両者は合致するのか、それとも違うのか、違えばどこがどう違い、そしてどんな結果となるのか。

この調査を行なうにあたって私が最も心配したのは、「鶏が産卵を持続するのは、人間が産卵のために必要なエサを人工配合して、強制的に鶏に摂取せしめるから、やむなく鶏は卵を産むのであって、もしもエサを鶏の欲するままに自由に与えたならば、鶏は野鳥の状態にもどり、キジと同じように春季二〇〜三〇個の卵を産んで、他の季節は休産に入るのではあるまいか」ということであった。

ところがテストの結果、この心配は杞憂に終わった。鶏が一年じゅういつでも卵を産むようになったのは、「完全人工配合飼料」だけの故ではなくて、それは鶏の産卵能力における育種改良の故であった。卵を連産する能力のないキジに、いかに完全配合飼料を与えても、キジはやはりあまり産まないのである。もちろん鶏といえどもエサ全体の量がいちじるしく不足したり、あるいは一方に極端に片よったりすれば、産める鶏もその能力を発揮できないに違いない。しかし、鶏の食性におおよそ合

第4表　単味飼料の自由摂取と産卵成績

	1月	2月	3月	4月	5月	6月	7月	8月
各月産卵率　(%)	49	82	90	84	89	81	80	77
各月生存率　(%)	100	100	100	100	100	99	88	88
備　　考	5割産卵1月15日					淘汰は就巣鶏	淘汰は就巣鶏	8月15日まで調査

注)　供試鶏　ロックホーン，15羽。
昭和37年7月9日発生，12月29日第1卵。

致した自由摂取の状態ならば、その産卵能力を（最高とまではいえないが）かなりの線まで維持できることが確認された。

第4表をごらんいただきたい。このテスト当時（昭和三十七年、ケージと完配が急速に普及し始めたころ）、鶏の産卵能力は、最高では検定鶏に三六五卵鶏もいたが（一〇羽一群で三二〇〇～三五〇〇というような成績もところどころにみられたが）、全国平均では七五％ぐらいが関の山であった。そういうとき第4表程度の成績が得られたのであるから、単味飼料自由摂取が、鶏を野鳥と同じ産卵状態に返すことはないことが確認されたのである。

試験結果と鶏の嗜好性

次ページの第5表は、その単味飼料自由摂取の試験結果をまとめたものである。

「期間」の欄で四一～一二〇日齢および一二一～一七〇日齢は育成飼料の摂取期間であるので、産卵とは直接関係ない。次の期間、一七一日ごろから産卵準備のため食下量がふえてきて

第５表　単味飼料自由摂取試験における摂取比率

期間 ＼ 材料	41～120日齢		121～170日齢	171～231日齢	232～353日齢	354～399日齢
	8月19日～9月19日	9月20日～11月9日	11月10日～12月29日	12月30日～2月28日	3月1日～6月30日	7月1日～8月15日
穀類（黄色トウモロコシ）	40(%)	42(%)	45(%) (56.7)	55(%) (71.5)	45(%) (57.6)	42(%) (50.8)
ヌカ類（フスマ，米ヌカ）	43	40	35 (44.1)	25 (32.5)	34 (43.5)	37 (44.8)
動物タンパク（魚粉）	2	2	2 (2.52)	3 (3.9)	3 (3.84)	3 (3.63)
植物タンパク（ダイズ油粕）	5	6	8 (10.08)	8 (10.4)	8 (10.24)	8 (9.68)
緑草（乾物換算）	10	10	10 (12.6)	10 (13.0)	10 (12.8)	10 (12.1)
備考	1　(　)内は1日1羽当たり摂取量（g） 2　緑餌の10%は飽食 3　表のほか，カキガラ計量外自由啄食					

注）供試鶏　ロックホーン，15羽。
昭和37年7月9日発生。

いるので、一応それ以降を産卵と直接関係あるエサ摂取と見なすことにしよう。

育成中の自由摂取では、穀類とヌカ類と半々ぐらいの粗飼料を好み、タンパク飼料の摂取も少ないことがこれでよくわかる。くわしいことは「育成」の項で述べるが、市販完配育成飼料と比較するとはなはだしい低タンパク・低カロリーである。なぜそうなるのかは後述するとして、ともかくこれがヒナの自ら選んだエサ配合であることを銘記されたい。

初産開始（五〇%産卵）は一月十五日であるから一八八日齢である。これはわれわれがいま飼育している赤玉鶏の二一〇～二二〇日齢よりかなり早いのであるが、そのわけは供試鶏がロックホーンという白色レグホーン＝オスと横斑プリマスロック＝メスとの交配種で、早産の血

第6表　完全配合飼料の配合比（成鶏用）

原材料の区分	原材料名	配合比 銘柄A（種鶏用）	配合比 銘柄B（マッシュ）	配合比 銘柄C（採卵用）
穀類	トウモロコシ，マイロ，小麦	65(%)	70(%)	65(%)
ヌカ類	脱脂米ヌカ，フスマ	3		7
動物質飼料	魚粉，肉骨粉，フェザーミール	9	15	8
植物性油粕	ダイズ油粕	7		6
その他	ルーサンミール，コーンジャム，天カス，炭酸および燐酸カルシウム，糖蜜，食塩ほか多数	16	15	14

注）その他の中には，次のような飼料添加物が含有される。
ビタミンA油，ビタミンD_3，ビタミンE，ビタミンK_3，ビタミンB_1，ビタミンB_2，ビタミンB_6，ビタミンB_{12}，酢酸DL-a-トラミン，D-パントテン酸カルシウム（リボフラビン），塩化コリン，ニコチン酸，葉酸，ビオチン，炭酸マンガン，炭酸亜鉛，硫酸鉄，ヨウ化カリウム，硫酸コバルト，メチオニン。

を白レグから引いているためである。初産は早いより遅いほうが鶏のためによいのである（「初産延期」の項参照）。この場合供試鶏ロックホーンの一八八日初産は、鶏が粗飼料を選択摂取したため、ふつうよりはだいぶ遅れているのであるが、それでも赤玉鶏に比べたら一ヵ月近くも早かったのである。

さて、初産開始が近づくとともに、エサの摂取が育成段階から成鶏段階へ飛躍したことがこの表でよくわかる。季節の差もあるが、穀類で一〇%も多くなり、タンパクで一・五倍の摂取率となる。

産卵期に入ったあとは、季節に応じてエサの摂取割合が変化しているので、よくごらんいただきたい。

完配との主な相違点

この単味飼料自由摂取試験の特徴をもっと理解しやすくするために、ここに市販の完全配合飼料の配合割合（第6表）を掲げておくので、第5表と比較対照していただくとよい。人間が勝手につくった配合飼料割合と、鶏が自ら選んだ摂取割合との間には、大きな差がみられるのである。

まず主な相違点をあげると、

第一に、動物タンパクの摂取が自由摂取ではきわめて少ないのに対して（年間通じて二〜三％）、完配では八〜一五％となっており、これはおよそ三〜五倍の比率である。

第二に、穀類の配合が完配では六五〜七〇％と多いのに比べ、自由摂取では四二〜五五％とはなはだ少ない。

第三に、ヌカ類は逆に、完配では三〜七％ときわめて少ないの比べ、自由摂取では二五〜三七％とはるかに多い。

第四に、完配では季節に応じた配合比の変化がきわめて少ないのに（せいぜい二〜三％）、自由摂取では穀類が夏四二％、春四五％、冬五五％と大きく変動する。ヌカ類も夏三七％、春三四％、冬二五％と開きが大きい。

第五に、緑餌は多給すると（不足なく与えると）、第5表のように、乾物換算一〇％ぐらい食べる。第6表の完配では、申し訳程度のルーサンミールが入っているだけである（だから人工ビタミン剤の添加を必要とするのか)。

以上のことから鶏は、動物タンパクはそんなに多くを要求していないことがわかる。分析のうえでは、三%の魚粉では卵を到底産めるはずがないのに、実際鶏はそれで八〇%以上の産卵率を得られる(第4表)。理論的にはどうあろうとも、実際に鶏がそのように証明してくれたのだから、これは論争の余地があるまい。

主カロリー源の穀類も、人間が計算したほど鶏は要求しない。それで充分鶏体も維持できるし、卵も産めるのであるから、完配の穀類は明らかに過剰である。

第5表の季節による摂取比率の変化をさらに注意してみると、穀類とヌカ類との間でのみ増減し、タンパクその他は一年を通じて変動がないということがわかる。完配の理論からいえば、卵を多く産むときは動物タンパクをふやすのが当然であろうが、実際にはタンパクの摂取率に変化がなく、九〇%の産卵率でも魚粉をべつに多く食べることはなかったのである。また完配では、「夏は暑さのため食欲が落ちるので、少ない量のエサでも栄養が充分とれるように、さらに濃厚飼料を与える必要がある」という考え方をするが、実際には鶏は第5表のように、夏はいちじるしく穀類の摂取を減らし、ヌカ類を多く食べるのである。

完配が「土用うなぎ」の方式を採《と》るのに比し、自由摂取では「スイカと氷水」の方式であることがわかったのである。夏、あっさりしたものが食いたいというのは、暑さのためカロリー消耗が少なくてすむので、濃厚なものは必要ないという自然の摂理である。

緑餌についてはすでに詳述したので重複を避けるが、第5表で緑餌を一〇％も食べるのは、ビタミンおよび繊維の補給や体液の酸性化防止のためだけでなく、これを多食することによって他の飼料の過不足、または栄養のアンバランスを是正し補足するためであると思われる。故に、自由摂取では緑餌の多給は欠くことのできない条件となる。完配では高栄養を追求するあまり、緑餌の効用については度外視されている。

自由摂取の信ぴょう性

これを要するに、完配は高タンパク・高カロリーの配合比であり、自由摂取は低タンパク・中カロリー（あるいは低カロリーかもしれない）の摂取率である。どちらを信用するも各人の勝手であるが、私は、学者が試験管で示したデータを信用するよりも、鶏が天与の食性によって（少ない材料のなかからではあっても）示したデータのほうをより信用することにしている。故に私は誰がなんと言おうと、昭和三十七年以降この低タンパク・中カロリーの自家配合を堅持してきたのである。それで充分産んでくれるし、また完配で飼うよりもそのほうがはるかに儲かったのである。

完配のような濃厚飼料ばかり与え続けると栄養過剰になるのは明らかで、そこで「制限給餌」というむずかしい技術が必要になってくる。「高めておいてカットする」という徒労に似た操作のおかげで、鶏ははなはだしく退屈し、友だちをつつき殺すような悪癖を覚えるのである。このへんの事情については「粗飼料と濃厚飼料」の項で詳述したとおりである。

第5表の試験結果は、ロックホーン一五羽の「小羽数」で、しかも「一回かぎり」、八月十五日までの「短期間」というきわめて粗雑な取り組み方なので、信ぴょう性が低いと思われる方も多いであろう。ほんとうはもっと大羽数で、もっとくり返し長期にわたって行なうべきであろうが、私は忙しくてそういうことをいつまでもやっている暇がない（自由摂取は簡単なようでも、いざ計量するとなるときわめてめんどうな仕事である）。また、私は前提が同じならば一〇羽に可能なことは一〇〇〇羽にも可能であり、三〇年前に可能なことはいまも可能である、と思っているので、この一回かぎりのずさんな、しかし身をもって体験したテストをなによりも信用しているのである。

私は試験場や研究所が、なぜこのような「自然の摂理を探る」テストに取り組まないで、「産卵性向上」のような利益追求のテストばかりに浮き身をやつしているのか、不審に思うのである。第5表について半信半疑の人は、自分でテストして確かめられたい。

ただし、その試験の場合、おそらく材料によって摂取量が増減すると思われるので、前提が異なれば第5表のとおりに（傾向は同一でも）ゆくとはかぎらない。つねに入手しやすくて、切れ目なく用いることのできる材料で試験されるとよいと思う。

食塩と添加物をめぐって

次に、食塩が完配には添加されているのに（〇・五％程度）、自由摂取の材料にないのはなぜか説明しておこう。ビタミンなど他の添加物はともかく、食塩は必須ではないかという疑問があるが、塩分というものは、天然の材料中に含まれるもので充分である。ことに、魚粉の中には多く含まれているはずである。野鳥はことさら食塩を摂《と》らないが、そのため健康を害したということを聞かない。完配の食塩添加量は、多分、鶏の血液中に含まれる濃度を測定してその分量を決めたのであろうが、これも机上の断定である。鶏の血液中の塩分は「蓄積」の塩分であり、たとえ天然材料中に含まれるものから少しずつ摂《と》っても、それを「溜める」ことによって、その濃度を維持することができるものであると思うのだが、どうであろうか。

その証拠に、食塩を全く摂らない野鳥の血液中にも、塩分は不足なく含まれているのである。いつも血液中の濃度と同じものを摂取し続けなければならぬと考えるのは、人間の誤った速断にすぎないのではないか。

最後に、第6表における飼料添加物の数の多いことに注目されたい。実は、これだけたくさん(幼・中すう完配はもっと多い。「育成」の項で述べる)の添加物をつきつけられると、つい「単純な自家配で果たしてよいのか」とおじ気づくのである。しかし鶏はその単純なエサだけで卵を産み続けるのであるから、人間が測定することのできぬ驚くべき変化が、小腸壁で行なわれていることに着目すべきである。

(4)　自家配のやり方

変幻自在の組合わせ

さて以上のことを念頭において、これから自家配のやり方に取り組むこととしよう。

自家配は材料のいかんを問わず、その土地で割安で容易に入手できるものは（自給はいうに及ばず）片っ端から配合に組み込んでゆく。すなわち、変幻自在の応用が利かなければならない。たとえばカニ粉がその土地で手に入らないのに、一途にそれを使用しなくてはならないと思い込み、わざわざ遠い所から取り寄せると、それはとんでもない不経済なエサとなってしまう。だからそういうものは使わないで、近くでサナギ粉やデンプン粕が手に入ればそれを使ってゆくことを考える。デンプン粕は水分が多く腐りやすいので、使いにくければそれはノコクズといっしょに発酵飼料の原料として使用することを考える。

また、近くでフィッシュソリュブルという魚粕製造の際の副産物が格安で手に入れば、これはドロドロしていてくさく、しかも塩分が強いので、まずノコクズに吸着させてドロドロを消し、発酵させて異臭をなくし、塩害を避けるため大量には使わない、というような工夫をするのである。魚屋や料理屋で出る生魚クズ（魚の頭、骨、内蔵など）が無料でもらえれば、労力はかかるがこれは煮て与えるとよい。その際魚油が煮汁の中に浮くので、これは脂肪肝予防のため捨てたほうがよい。

豆腐粕も地方によって品不足から高値の所もあるが、引き取り手がなくて処分に困っている所もある。私の地方では無料で持ってきてくれるが、有料の場合、一斗缶一〇〇円までなら使ったほうが得策である。豆腐粕は夏場腐りやすいが、ノコクズ発酵飼料と抱き合わせ配合で使うと腐らないのである。

収穫の秋には近くの農家でシイナ、クズ米が出るから、値段と見合えばこれはできるだけ買っておくとよい。配合材料は一年を通じて切れ目なく入手できるものを使用したいところであるが、しかし一年に一度しかなくても、せっかく格安のクズ米があるのに手をこまねいている必要はない。そのときどきで入手できるものは、たとえ切れ目があっても積極的に取り入れてゆくべきである。「あれば食わせ、なくなれば食わせない」――それでよいのである。

「緑餌」の項でも述べたが、春や夏、草がどんどん育つときに、これを一年均等に与えねばならないと思って給与を控えるのは愚かなことである。季節に合わせてつくり、シュンのものを食う、これは人間でも同じことで、冬にトマトやキュウリを食わねばならぬと思い込んでいるのは奇妙なことである。

もう一度くり返す――自家配は変幻自在に――。その土地で容易に安く入手可能な、あらゆる材料を駆使して自家配の中へ組み込んでゆくことを強調したい。融通の利かない固定観念に支配されていると自家配はやりにくくなり、また損失を招く結果となる。

第7表 自家配合の基礎配合表

原材料		冬	春秋	夏
類別	材料名（例）			
穀類	トウモロコシ，大麦，小麦，クズ米，マイロなど	55%	50%	45%
ヌカ類	生米ヌカ，脱脂ヌカ，大麦ヌカ，フスマ，ノコクズ発酵飼料など	23	28	33
動物タンパク	魚粉，生魚クズ（アラ），サナギ粉，エビ・カニ粉，フィッシュソリュブルなど	4.3	4.3	4.3
植物タンパク	ダイズ粕，豆腐粕，胚芽など	8	8	8
無機質	骨粉，カキガラ，コロイカル，炭酸カルシウム，燐酸カルシウムなど	5	5	5
緑餌その他	雑草，牧草，野菜（カボチャ），くだもの，海草など	4.7	4.7	4.7

備考

① ノコクズ発酵飼料は全量の15%まで。(乾物換算—バケツ一杯を2K600とする)

② カンショを組み入れるときは穀：ヌカを6：4とする。

③ 動物タンパク4.3%は良質魚粉（粗タンパク含有60%）の場合の比率，質が落ちればその分増量しヌカ類を減ず。

④ 緑餌や豆腐粕は風乾換算（約1/5の配合比）。

⑤ 冬（初氷→梅開花） 春（梅落花→梅雨）
夏（梅雨明け→野菊） 秋（野菊→初氷）

自家配の基準

これから自家配のやり方を具体的にお話するにあたって、まず基礎配合表というのを掲げておくので(第7表)、自家配を行なうときは、この基礎表に自分の地方に即した材料を当てはめるとよい（具体例、応用例はあとから掲げて説明するが、これは参考までのもの）。

この基礎配合表は、前述の「単味飼料自由摂取」を手本にしてつくったものである。この表と第5表（単味摂取試験）とでは、穀類と動物タンパクに多少の相違があるが、第5表では緑餌を一〇%と豊富に食べていて、これが他のエサの代替、補充または調整の役目を果たすに充分であることを示している。ところが、一〇%の緑餌というのは一日一羽約七〇グラムの生草を与えねばならず、これを毎日実行することは労力的になかなかたいへんなので、やむなく四・七%、一日一羽約三〇グラムとした。そのため緑草の減った分、動物タンパクと穀類を多くしているのである。

といっても濃厚飼料にはほど遠いので、そのため栄養過剰の実害が現われるようなことはなく、少しだけ鶏の体内脂肪が多くなる程度、すなわち若干の余力が蓄えられるという状態となる（それは主として穀類増加の効用。タンパクは緑草タンパクの不足を補う意味で増加）。農家養鶏は鶏にばかり手をかけておれないときもあり、ときにはエサをやらなくても鶏は脂肪の貯金を使って産むことができるのである。

つねにギリギリいっぱいの貯金なしでは、その分、身を削ってマイナスとなるおそれがあるので、それを避けるための配合比であると理解していただきたい。自由摂取ならば削っただけはいつでも補給が可能であるから、脂肪はギリギリでよいし、また鶏はそのように自らコントロールしているのである。

第7表の備考を補足して解説しておこう。

備考の①——ノコクズ発酵飼料は全飼料比一五%ぐらいが適当であるので、たとえば春秋季ならばヌカ類二八%のうち、ノコクズ一五%、その他のヌカ類一三%となる。ノコクズ発酵飼料は私の養鶏に欠かせないものであるので、あとにくわしく解説する。

備考の③——飼料用魚粉には粗タンパクの含有比が表示してあるはずなので確かめてから配合割合を決める。たとえば五〇％とあれば六〇対五〇の逆比で使用量を多くし、その分ヌカ類を減らす。以下、タンパク飼料のおおよその粗タンパク含有比を示す。サナギ粉は五五％、カニ粉は三〇％、生魚クズ、フィッシュソリュブルは風乾五分の一に換算して使用、粗タンパク四〇〜四五％くらい。植物タンパクのダイズ粕、豆腐粕（風乾）は四五％、コーン胚芽は二〇％。

備考の⑤——春夏秋冬の区分は人工暦の月別にするより、自然の掟に従ったほうが間違いないと思われるので、私は一応このように区別している。もっとほかによい目安があればそれに従ってもよい。野菊というのは秋早くから遅くまで咲くので、秋の全期間は野菊の花によって示される。

無機質についてちょっとつけ加えておく。あとで応用例（第8表）をみていただくとよくわかるが、五％のうち三・五％をカキガラ、〇・五％を骨粉または燐カル、一％をコロイカルまたは炭カルとするのが無難である。カキガラ以外入手困難であれば、カキガラ五％の単用でも我慢するとしよう。無機質ゼロは卵殻形成上無理があるので、最小限カキガラだけはなんとしても給与しなければならない。

緑餌についてであるが、本表に示す四・七％よりもっと多くを与え得る人、たとえば第5表の自由摂取試験のように一〇％も与え得る人は、本表の配合比にとらわれず、むしろ第5表に準拠して配合したほうがよいであろう。

小石を食べさせる

なお、本表には載せてないが、小石（米粒大〜小豆大ぐらいの固い石）はエサとしてではなく、咀《そ》嚼《しゃく》用の道具として鶏の筋胃にいつもなければならぬものである。「緑餌」の項でも説明したように、鶏は歯の代わりに小石と繊維（雑草、ノコクズ、シイナ、モミガラなど）によってエサを咀嚼するのであるから、小石の給与は必須である。筋胃中に小石がないと、穀粒は咀嚼不充分のため、固形のまま排せつされてくることがしばしばである。オールマッシュと称する全粉完配が出回るようになってから小石は不要とされてきたが、それでも鶏は本来の欲求として小石を欲する。

小石も繊維も欠如した鶏の胃壁はうすく、消化力が弱いのである。鶏舎が新しいうちは大地に小石が散在しているので、鶏はそれを拾うけれども、だんだん消耗して鶏糞が積もってくると、平飼いといえども小石は不足してくるのである。新しい土を入れるか、さもなくば花崗岩などの砕石を建材店（壁材料として売っている）で買って与えるとよい（気の利いた飼料屋さんには鶏用として売られている）。ときどきエサの中へ一％ほど混入して与え、エサ箱に小石が残るようであったら充分ゆき渡ったと見なして中止する。

一度与えればあと一週間ぐらいは与えなくとも筋胃中に残っているから心配ない。つねに不足なく与えるには、別の器に不断給与しておくのがいちばんよいであろう。昔、庭先養鶏では茶わんなどを金槌で砕いて与えたものである。小石は磨耗すると自然と体外へ排せつされてゆく。

(5) 自家配の材料

基礎配合表の説明はだいたい以上であるが、もう少し個々の材料について補足説明しておくことにしよう。

穀類・カンショ

穀類は現状では主として輸入に頼らねばならない。消化率の高いトウモロコシが割安となる。大麦は皮つき圧扁（これも輸入）が入手しやすく、値段も安い。いよいよ穀物の輸入が途絶したら、カンショ養鶏を採用しよう。カンショは単位面積当たり最もカロリーの収量が多いので、自給養鶏はカンショ養鶏が主体となるべきである。カンショは煮て与えると消化がよいが、生でそのまま鶏につつかせてもよいし、またはすりつぶしてサイロ詰めにしておくと便利である。

カンショは凍みに弱いので、冬越しで保存するにはサイレージにするのがいちばんよい。漬切器、または千切り器にかけ、米ヌカをまぶしながら（箕《み》一杯の材料に米ヌカ五合ぐらい）サイロに詰め、軽く重石を置く。水が上がったら重石は取り去ってもよい。カンショはイモだけでなく、ツルも緑餌として活用できる。ツルは目方でイモと同じぐらいの収量がある。地上部と地下部と全部がエサになるので、その生産量と利用度において国産飼料の王様といってもよい。ツルはカッターで切って、エ

配の材料

黄色トウモロコシ

生　米　ヌ　カ

ノコクズ発酵飼料

豆　　腐　　粕

第11図　自　家

緑　餌

大　麦　圧　扁

カ　キ　ガ　ラ

魚　粉

＜第11図つづき＞

カ　ニ　ガ　ラ

できあがった配合飼料

サに混合して与えると鶏は好んで食べる。秋、一度に収穫するときは、カッターにかけてサイロ詰めにし保存するとよい。

夏場はときどきツル先を切って緑餌に利用してもよいが、あまりたくさん切るとイモの生育が止まる。鶏糞多肥栽培にしてツルボケの栽培をし、イモの収量を無視すればいくらでも刈り取って与えることができよう。カンショ養鶏については昭和二十年代後半～三十年代前半にかけて、後藤孵卵場中央研究所において実験を重ねたデータがあるので、参考までに紹介しておく（第12図）。

ヌ　カ　類

ヌカ類は（ノコクズ発酵飼料は別として）生米ヌカの利用をおすすめする。これは国産飼料であるし、日本中どこでもたいてい入手容易で価格も安い（一五キロ四〇〇円ぐらい）。これは搾油原料

第12図 カンショ養鶏の例

〔**救国養鶏甘藷試験並動物蛋白試験報告**
自 昭和28年11月1日 至 昭和29年10月16日
350日間〕

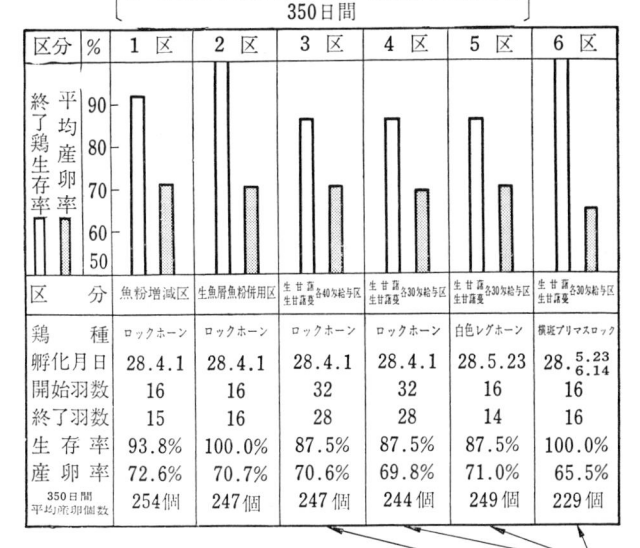

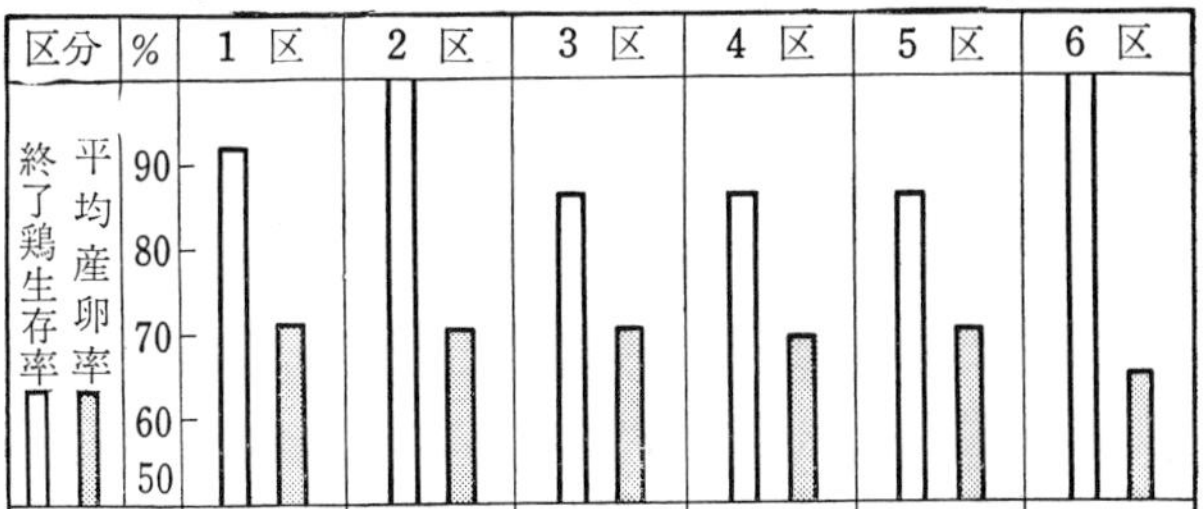

区分	1 区	2 区	3 区	4 区	5 区	6 区
区分	魚粉増減区	生魚屑魚粉併用区	生甘藷 生甘藷蔓 各40匁給与区	生甘藷 生甘藷蔓 各30匁給与区	生甘藷 生甘藷蔓 各30匁給与区	生甘藷 生甘藷蔓 各30匁給与区
鶏種	ロックホーン	ロックホーン	ロックホーン	ロックホーン	白色レグホーン	横斑プリマスロック
孵化月日	28.4.1	28.4.1	28.4.1	28.4.1	28.5.23	28.5.23 6.14
開始羽数	16	16	32	32	16	16
終了羽数	15	16	28	28	14	16
生存率	93.8%	100.0%	87.5%	87.5%	87.5%	100.0%
産卵率	72.6%	70.7%	70.6%	69.8%	71.0%	65.5%
350日間平均産卵個数	254個	247個	247個	244個	249個	229個

材料 ＼ 区別	甘藷3区	甘藷 4区 5区，6区
甘藷サイレージ	40匁	30匁
甘藷蔓サイレージ	40匁	30匁
生魚屑	12匁	10匁
モミガラ	1.5匁	1.5匁
一般飼料	12匁	15匁

1．給与量は1日1羽当たりの量
2．甘藷及甘藷蔓は夏，秋は生で，冬，春はサイレージで
3．甘藷蔓は10匁をそのまま残りは甘藷生魚屑，モミガラと共に煮て与える。

一般飼料配合割合

種類	配合率
トウモロコシ	30.0%
小麦	12.0%
麬(フスマ)	13.5%
米ヌカ	9.0%
仕上ヌカ	19.0%
胴鰊《にしん》	14.0%
カルシウム	2.0%
食塩	0.5%

注） 1匁は約3.75ｇ

としてダイズと競合するので、ダイズが高くなったり不足したりすると、米ヌカも高くなり不足してくる。玄米の有効成分のほとんどはこの米ヌカの中へ含まれる。白米はむしろカスである。鶏にビタミンB_1欠乏症という病気があるが、それは完配の中に生米ヌカが含まれていないので起こりやすいと思われる（生米ヌカは熱を帯び固まりやすいので飼料メーカーは嫌い、脱脂ヌカをほんの少し使う）。自家配では入手できるかぎり米ヌカを利用し、他のヌカ類はなくてもさしつかえない（ただしノコクズは別）。

豆腐粕は一斗缶にギュウ詰めにしてもらうこと。そうすると長もちするからである。空気にふれる部分が多くなればなるほど腐敗は早まる。一斗缶に押し込んで詰めたものは、空気を追い出してサイロ詰めや缶詰の状態に近くなり、中のほうはなかなか腐らない。冬で一週間～一〇日、夏でも二日間はもつ。ただし上部の厚さ一センチぐらいは長くおくと変色腐敗するが、これだけ捨てればあとは使用に堪えるはずである。しかし前述のようにいったんノコクズ発酵飼料と混ぜ合わせ、配合してしまえば、豆腐粕は腐ることはない。仕事の都合上、即座に混合することができないときの処置のため、一斗缶詰めをお話したのである。

胚芽は、コーン胚芽というのがコーン油製造の際の副産物として売られている（値段は二〇キロ一二〇〇円——五十五年四月現在）。単位当たりの価格は完配よりは安い。

カボチャ

カボチャは緑餌の代わりをするだけでなく、カロリー源（一部タンパク源）としても役立つはずであるが、第7表では緑餌として扱うことにした。それは鶏が経口摂取しさえすれば、その分確実に鶏の栄養となり、エネルギー源（一部タンパク源）として役立つことは間違いない（もっともカボチャばかりでなく雑草でも牧草でも、その他いっさいの飼料でもみんな同じことであるが）。そして鶏はカボチャを摂取した分だけ、必ず他のエサを節約してくれるので、大量に与えないかぎり（緑餌として与える程度の量ならば）、エサ配合比のバランスを崩すこともないと思われる。カボチャは丸のまま鶏舎へ放り込んで与えるので、緑草代わりとして扱うのが便利である。

第13図　いっぱいに繁茂したカボチャ

ついでにカボチャの栽培について記しておく。品種は飼料用カボチャでもよいが、私は一代交配種「平和親善南瓜」という岐阜県農業試験場が開発した耐病多収品種を栽培している。このカボチャは非常に草勢が旺盛なので、草地に栽培しても草に負けることはなく、一面にカボチャのツルがはびこってゆく。各葉のつけ根から必ず子ヅルが出てくるので、それはネズミ算式に生長してゆくのである。やがてはツルの上にツルが重なり

日光の照射を妨げるので、ときどきツル先を切って緑餌用に鶏舎へ放り込む必要も出てくる（草地栽培を共生栽培というが、むしろ草との輪作栽培と考えたほうがよい。故に何年でも連作が可能）。

一畝（一アール）当たり一株あれば充分で、一株五〇個ぐらい穫れる（試験場では一〇七個という記録がある）。鶏舎と鶏舎との間に栽培してもよい。ツルの伸びないうちは雑草を利用し、ツルが伸びたらカボチャの葉を利用し、最後にカボチャの実を利用する。これもカンショに次いで利用度の高い国産飼料となる（カンショは耕した畑を必要とするが、このカボチャは荒地や草地に栽培できるので、その点は有利である）。

播種は桜の花の散るころ、床まきでも直まきでもよい。直まきのときは晩霜に注意する。草地に直まきまたは移植の際は、三〇センチ平方ぐらいだけ草を掘り起こして土を出し、そこに播種または移植する(それ以外は草地のまま)。移植は本葉二〜三枚の間に行なう。雨降り前、または雨の当日に行なうと活着がよい。肥料の鶏糞は多投しなければならない。最初株元に少しバラまきし、初期生育を促し、あとは株を中心に六畳ぐらいの広さに一〇センチほどの厚さで、鶏糞を草上に敷きつめる。平飼いの床でゴミや土と混じった粉の糞が最良である。

あとは摘芯も追肥も摘花も、なんにもせずに放置しておけば、ツルはどんどん伸びて、どんどん着花してゆく。これは晩生なので十月まで生育着果する。初めのうちは雄花が少なくて受粉しないが、むしろそのほうが草勢を旺盛にして将来のためによい。食用としても美味である（西洋種と日本種の交配——両方ミックスした味）。成熟してから食用とするより未熟のほうがうまい。皮が硬く、保存が利く。寒さにも強い。

鶏用は霜が一、二回降りてから収穫すると葉が邪魔にならず、実のありかがよくわかる。霜以前は葉の繁茂がはなはだしくて実を見つけにくい。収穫後は土間に山積みして、筵《むしろ》、毛布などをかぶせておくと三月まで保存できる。冬じゅう緑餌の代用として使用する。春までおくと多少腐敗し始めるが、捨てないでそのまま鶏に与えてよい（種子の採種・発売元は、岐阜県安八郡安八町東結一五三七、不二種苗株式会社。一代交配なので二代目の自家採種はできない）。

第14図　保存中のカボチャ

海草その他

海草は海岸地帯で格安に入手できるもの、または乾物屋で売れ残りのものなどがあれば利用したほうがよい（カビが生えていてもさしつかえない。水に戻して包丁で細切して与える）。海草粉末として販売しているところもある（値段はキロ当たり元値一五〇〇円）。海草を与えればいま流行のヨード卵が得られることになる（海草は緑餌代替のつもりで使用）。

くだものは腐ったものでもそのまま放り込んでやれば食べる。ただし、薬剤の付着したリンゴやミカンの皮は与えないほうがよい。

残飯、茶ガラ、菓子クズなども自家配の中へ混ぜてやる。これら臨時のものは、量が少なければ配合割合以外に余分に加えてもよいのである。

(6) 自家配の応用例

参考までに自家配の応用例（私の現在使用中のもの）を掲げておく(第8表)。育成飼料については後述する。

第8表に「うどんクズ」とあるのは、製麵屋で折れたりこぼれたりしたうどん、そば、そうめんなどをかき集め、一袋（一二～一三キロ入り）三〇〇円で分けてもらったものである。初めこれを水につけて柔らかくして使ったところ、粘りのある固まりができてしまい容器にくっついたりして始末がわるかった。これはそのまま混合機へ入れると、回転途中でこまかく折れちょうど食べやすくなるのである。

本表の各材料の単価は（五十五年四月現在）、魚粉と燐カルを除き、どの材料についても市販完配飼料の単価より低いものばかりである。市販完配は一キロ当り七〇～七五円であるから、それよりも安い材料は、いくら加えても単価を引き上げる（完配と比べて）原因とはならないということである。

第8表　成鶏春秋用の自家配応用例（価格は55年4月現在）

類別	材料名	100kg 当たり配合比	1kg 当たり単価	100kg 配合価格
		(%)	円　銭	円　銭
穀類	黄色トウモロコシ	44.0	51　80	2,279
	大麦圧扁	3.6	53　50	192　60
	クズ米（シイナ）	1.0	35	35
	うどんクズ	1.0	25	25
ヌカ類	生米ヌカ	15.0	26　66	400
	ノコクズ発酵飼料	（乾）13.0	4　50	58　50
動物タンパク	魚粉	3.0	144	432
	カニ粉	1.7	50	85
植物タンパク	豆腐粕	（乾）8.0	4	32
無機	炭カル	1.0	10	10
	燐カル	0.5	96	48
	カキガラ	3.5	20　50	71　75
緑餌	緑草，カボチャ，サイレージ	（乾）4.7		
計		100.0		3,668　85

注）1kg 当たり36円69銭，20kg 当たり733円80銭

完配と比べて割安のそれら諸材料を組み合わせることによって第8表のエサは二〇キロ袋単位で七三三円八〇銭となり、市販完配のおよそ半分の値段であることにご注目いただきたい。

エサの値段が半分であれば、産卵が半分になっても文句はいえないところであるが、そういうことはないので安心してよい。第15図は第8表のエサを与えた場合の産卵成績を示す。これはしかし後に掲げる第19図のような成績までには至らないが、むしろ私は能力いっぱいに産ませず、余力を残しながら産むほうがよいと思っている

（付　完配多産区成績）

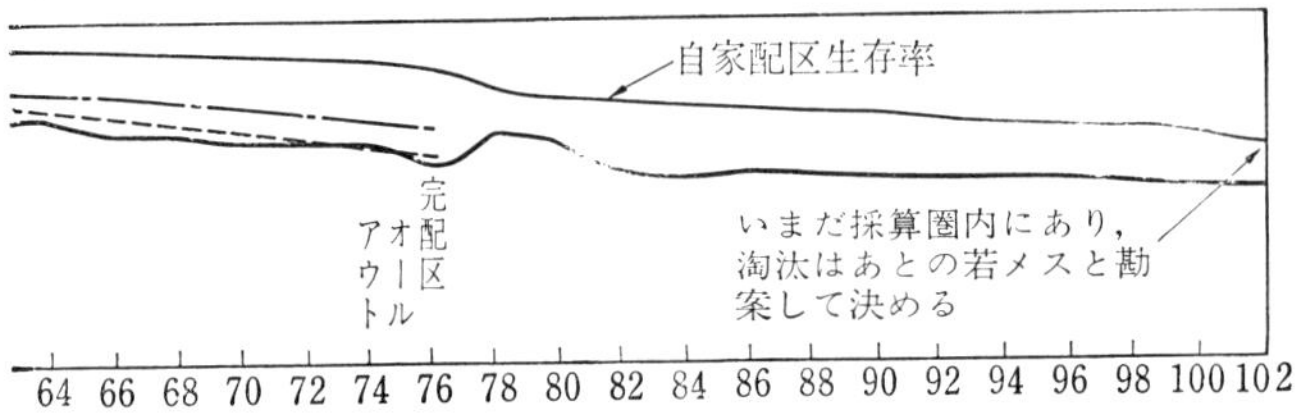

配飼料はエサを高く（産卵効率追求），卵を安く（効率よく生産過制となる），そし
両者の産卵率の開きを収支で逆転することが可能である。

（「腹八分産卵」の項で高水準産卵と対比して後述する）。

3　ノコクズ発酵飼料

(1)　ノコクズ活用のすすめ

ノコクズ発酵飼料といえばまずエサ代の節約ということを第一番に考えるのがつねであるが、それはいちばんあと回しにして、それよりももっと重要な幾多のメリットがあるので、そのことをよく頭に入れておいていただきたいと思う（一二八頁より一三三頁）。

よしんばノコクズ発酵飼料の消化吸収がわるくて、エサ代の節約にはならないと仮定しても、それを補ってなおはるかに余りある偉大な効用が他に多く存在する（くわしくはあとで述べる）。エサ代の節約ばかりを目当てにしていると、完配の高値のときだけこれを問題とするが、完配が値下がりすると見向きもしないのが通例である。むしろ、たとえノコクズが完配より高くついたとしても、これは捨て去るべきではないと私は考えるのである。

第15図 自家配の産卵・生存成績

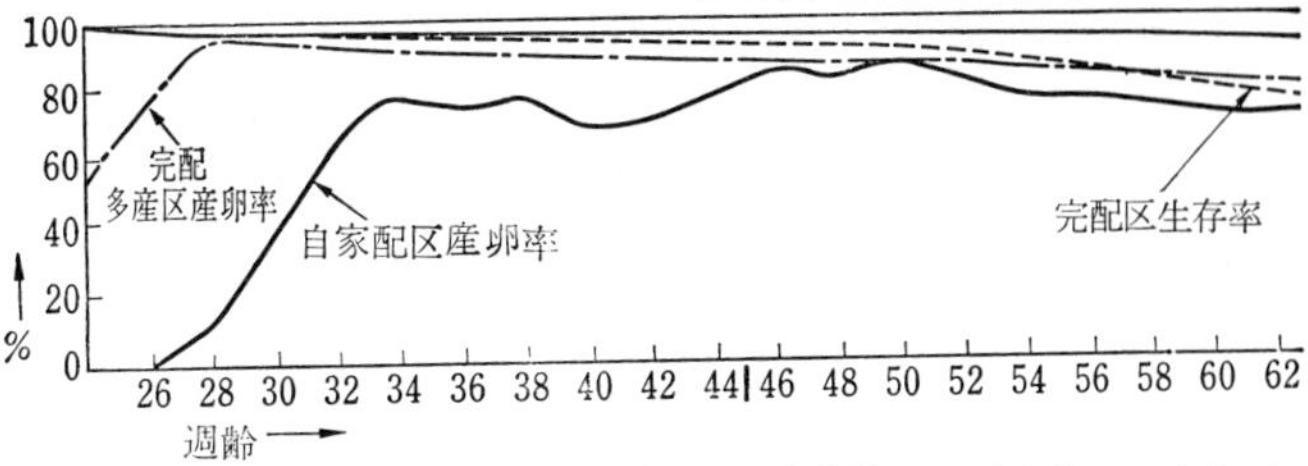

注) 図を見てわかるとおり，卵価が同じなら到底完配にはかなわない。だが，完てわれわれはエサを安く（産卵抑制），卵を高く（生産少なく卵質よい）して

未利用資源の活用という見地からすると、ノコクズは最も普遍的で（日本各地どこにでもある）、最も入手が容易で、そして最も量が多く存在するものである。デンプン粕や油粕などは手に入りにくい地方もあるし、量もあまり多くはないので、未利用資源ならまずノコクズ利用をおすすめしたい。

もっとも、これからはノコクズも省エネに一役買って、燃料に使用されることになろうし、それでなくても現に活性炭や牛舎の踏み込み（堆肥）、人工茸《たけ》などの材料に使用されているので、所によっては入手が容易でない地方もあるかと思う。しかし、鶏のエサ——ことに小羽数の農家養鶏が使用するぐらいのノコクズはたかが知れているので、優先的に入手する道はあると思われる。

もし近くに人工茸の栽培を行なっている農家があれば、その廃棄ノコクズは、捨て場に困って焼き捨てているほどなので、これを利用されることをおすすめする。しかも、この廃棄ノコクズはすでに精選ずみで、木クズや木皮などの粗大物の混入もなく、蒸気消毒もしてあり、さらにそのなかには米ヌカが三分の一〜四分の一ぐらい含まれているので、製材所から直接手に入れたノコクズよりも、エサとしては利用価値が高いように思う。発酵処理にもなんらさしつかえなく、むしろこのほうがうまく発酵する。

茸菌はきわめて弱い菌であり、ノコクズ発酵菌（バイムフードという市販品。〒五二八－〇〇二三　滋賀県甲賀郡水口町本丸一－二三　島本微生物工業㈱　℡〇七四八－六二－三三二八）で処理すれば、ひとたまりもなく消滅する。この他ノコクズ発酵菌にはぼかし肥の素EM菌の利用も可（EM研究所　℡〇五四－二七七－〇二二一　使用法はEMの説明書に従うこと）。

もし市販の発酵菌の入手が困難な場合は、土着菌を利用されてもよい。土着菌とはその地域の自然界に古来より棲息し、その土地の動植物とずっと共生してきた微生物群のことで、身土不二の原則からいえば、この土着菌を発酵に利用するのがより好ましいのである（利用法は本書257頁を参照）。

製材所からノコクズをもらうとき、そのノコクズの原木が何であるかを従業員に確かめてからもらうこと。原木が松や桧《ひのき》の場合、材固有の匂いが強く、卵に移行するおそれがあるからである（この場合は発酵処理後すぐ給与しないで、三ケ月位放置してから用いれば匂いは消滅する）。さらに、外材ノコクズには防腐剤がしみこんでいるし、合板をひき割ったノコクズも化学物質が入っているので要注意。この点人工茸の廃棄ノコクズならば、前述のように安心である。

人工茸の廃棄ノコクズは、近くに人工茸の業者があるなら、いつでも少しずつもらうことができるが、遠方の場合は一度にたくさん運んできて屋内に袋詰めで貯蔵しておく。やむをえず屋外に貯蔵する場合は、山積みしてビニールで蓋をしておくとよい。

また屋内貯蔵の場合、人工茸のノコクズは固まる性質があるので、一センチ目の金アミを四角な木枠に張って篩《ふるい》を自作し、それを通すと容易にほぐれる。撹拌機に入れても、機械の種類によっては塊が砕けないものがあるので（たとえばドラム型）、購入するときはその能力を確かめることが必要である。

(2) ノコクズの仕込み方

さて、それではノコクズの仕込み方を説明しよう。

中種のつくり方

原菌のバイムフードは小量であるから、使用に際してはこれを米ヌカとノコクズと混合したものに「拡大」して、かさをふやしてから使用することになる。これを「拡大菌」または「中種《なかだね》」という。

中種のつくり方は第16図によって理解されたい。

ノコクズと米ヌカは等量とする。バイムフード原菌五〇グラムに対して、ノコクズと米ヌカはそれぞれ一斗ぐらいが適当である（バイムフード原菌は一kg入り一袋一二〇〇円が単位、送料、消費税は別）。

米ヌカ一斗、ノコクズ一斗、原菌五〇グラム袋をよく混和し、水を適量入れて均一になるようさら

第16図　中種（拡大菌）のつくり方

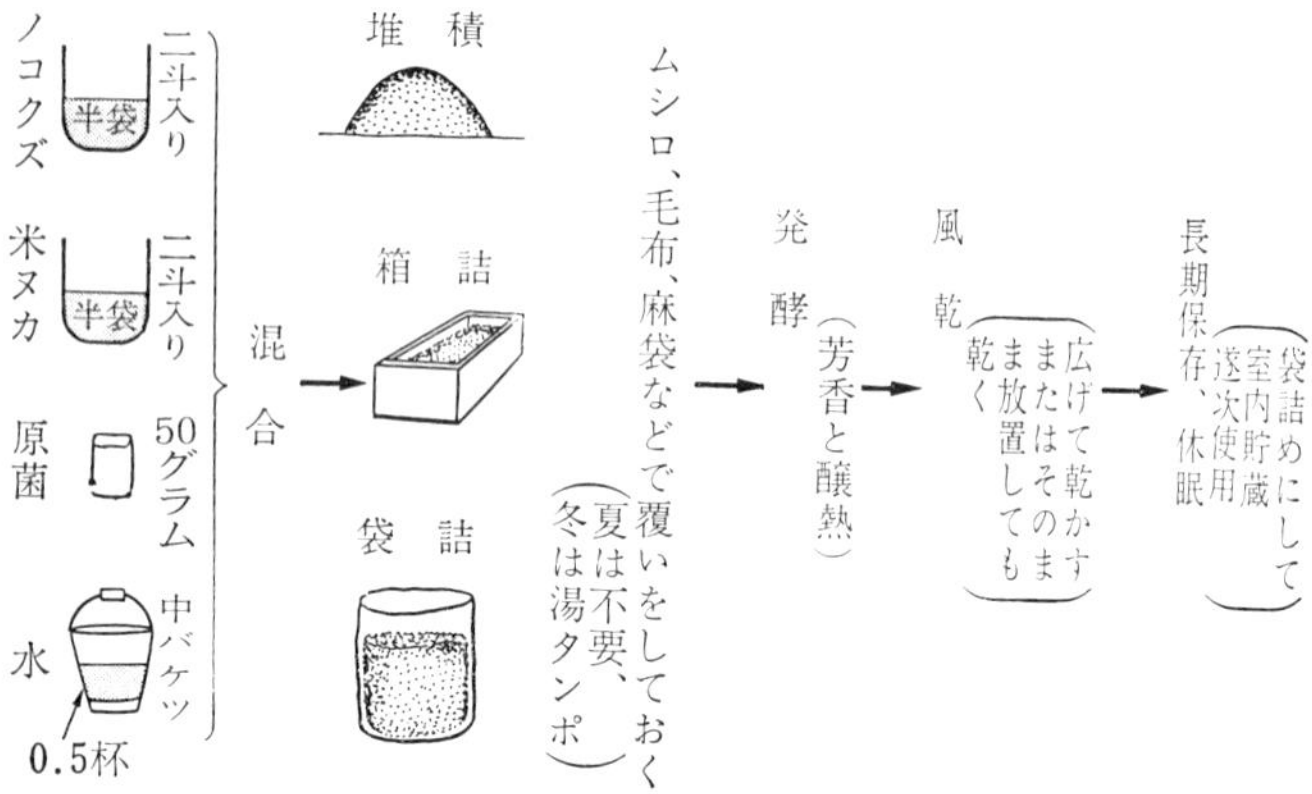

によくかき混ぜる（第16図で水バケツ〇・五杯とあるは一応の目安であって、ノコクズの含有水分により注水は加減しなければならない。製材時の原木が生木であるか乾木であるかによってずいぶん違う。注水の適量は、材料を手で握れば固まり、ほぐせばパラリと崩れる程度がよい）。

人工茸の廃棄ノコクズにはすでに水分が含まれているので注水の必要はない。長く貯蔵したものでも、屋外ならば水分はほとんど失われていないが、屋内の場合には水分が減り固まっているので、ほぐしてから注水。米ヌカも加わるので注水の加減は手ざわりで確かめる。

水分の加減は多すぎるよりもむしろ少なすぎるぐらいのほうがよい。バイムフードは好気性菌であるので、水分が多すぎると空気が追い出されてうまく発酵しないのである。

寝かせるときの注意

混合したものは第16図のように、箱詰め、堆積、または袋詰めにして寝かせることになるが、この際注意すべきことを列記すると、以下のようになる。

①夏は覆いをしなくてもそのままで一日もたてば発酵し始める。春秋期には若干の覆いを必要とするが、図に示したように莚、毛布、麻袋などを用いて、決してビニール幕、紙袋など不通気性のものを用いてはならない（好気性菌であることを念頭に）。

②だから箱詰めや袋詰めのときも通気のよいように、箱は隙間のあるガタガタのものがよいし、袋は麻袋やカマスのような通気性のあるものがよい。しかし麻袋やカマスは有機質なので、菌の作用によりすぐボロボロになるから、ビニールひもで編んだ袋（玄米袋、モミ袋など）を用いると何年でもくり返し使用できる。

③春秋期には覆いをすれば二、三日で醸熱が出て発酵し始める。冬は覆いをしてもなかなか発酵し始めないので、早く発酵させるために材料の中心部へ湯タンポまたはビン入りの湯をはさんでおくと、速やかに発酵する。

④うまく発酵したかどうかは熱と芳香で確かめる。熱は温度計によるよりも、手を入れて熱く感ずればそれでよい（六〇度ぐらい）。温度計に頼りすぎると、所定の温度が出ないとき、失敗したのではないかといらぬ心配をしなくてはならない。めったにないことであるが、失敗したときは芳香（甘酸っぱいにおい、麹《こうじ》のにおい）がなくて、厩肥のようなにおいが鼻をつくのでよくわかる（私ども七

人の養鶏組合では、四年間にただ一人一回の失敗があっただけである。おそらくそれは原菌の混入を忘れたためであったろうと思う）。

失敗は万に一つもあり得ないので、熱も芳香もいちいち確かめる必要はなく、材料を寝かせたらそのまま放置しておけばよい。

⑤切り返しは行なったほうがよいが、やらなくても菌はうまくゆき渡る。発酵が始まると菌は盛んに分裂繁殖し、呼吸作用をくり返す。そのとき不通気性のもので密閉しておくと、菌は自家中毒に陥って死滅する。だから、通気というのは外から空気が入るという意味ではなく、菌が排気したものが外へ出ていくことができるという意味である。そのとき水分もいっしょに外へ持ち去られる。

⑥水分が減少すると、菌は自然に休眠状態に入る。材料を広げて日陰に乾かせばすぐ休眠に入るが、あえて広げず、そのまま（堆積、箱詰め、袋詰めのまま）放置しておいても、菌は水分を失って自然と休眠し始める。

⑦休眠したものは長期保存（何年でも）に堪えるので、袋に入れて室内に貯蔵しておき、中種として逐次「ノコクズ発酵飼料」をつくるとき、原菌の代わりに使用するのである。

中種はなくならないうちに次のものを仕込んでおかねばならぬ。なくなってからあわてててつくっては間に合わない。これは火ダネみたいなものであるから、連綿として消さないように心がける。

第17図　ノコクズ発酵飼料のつくり方

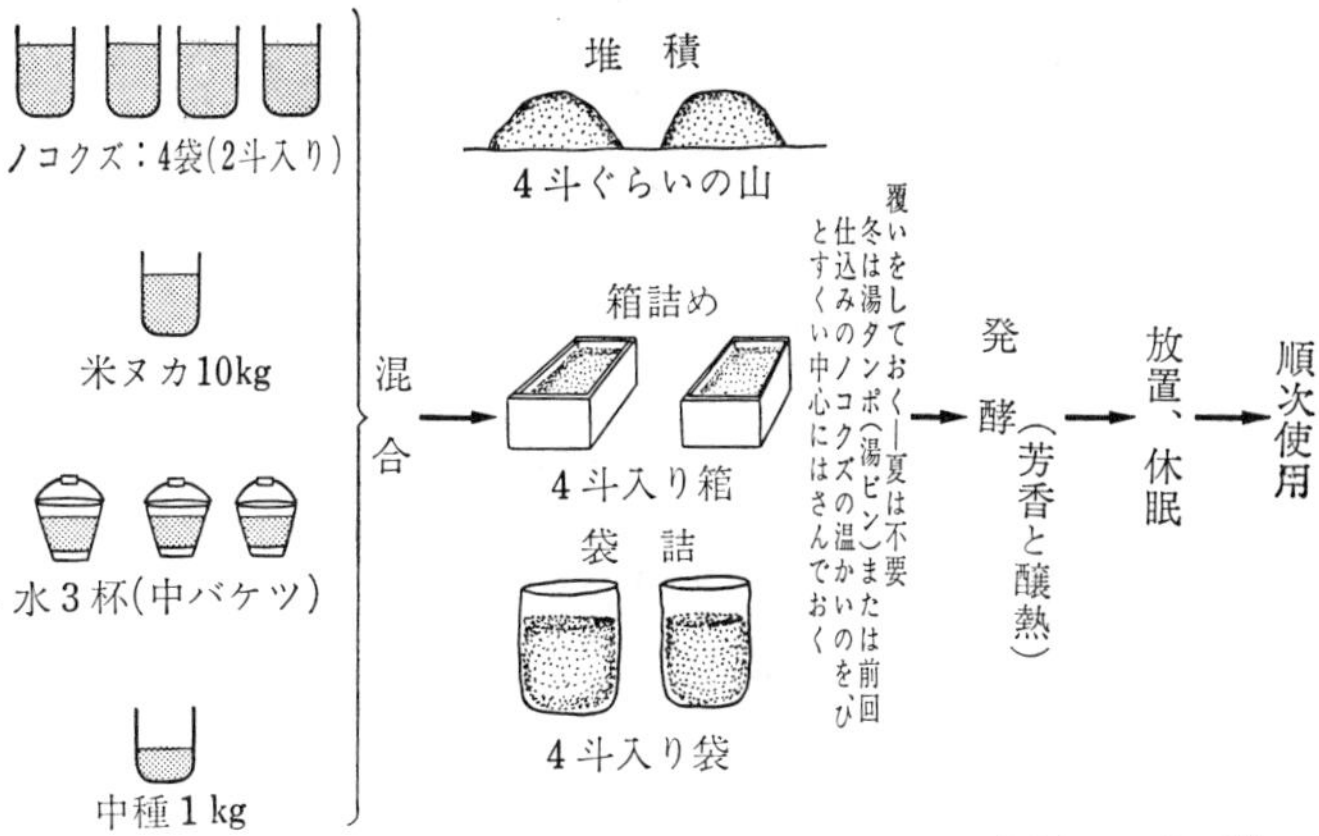

注）水は中種の場合と同じく，ノコクズの含水度に応じて増減する。人工茸ノコクズの場合は加注不要。

(3)　発酵飼料のつくり方

中種つくりと同じ要領で

さて次は「ノコクズ発酵飼料」のつくり方であるが、その要領は中種のつくり方とほとんど同じである（第17図）。ただ材料の量が中種の場合より多いことと、ノコクズと米ヌカの比率が、中種では量で半々であったけれども、この場合は五対一ぐらい（人工茸廃棄ノコクズの場合は六対一ぐらいでもよい）となっていることが違うだけである。

第17図は一〇〇〇羽の約三日分に相当する量を一例として掲げたものであり、それぞれの都合でその量はこれより多くても少なくてもよいのである。一〇日分を一度に仕込んでもよいし、二日分ずつでもかまわない。あるいは羽数の少ないとき

はさらに小量ずつを仕込むことになろう。いずれも第17図の量の比率に応じて増減するとよい（米ヌカの量は多ければ多いほどよいのであるが、代金がかさむので第17図では最低の量に抑えてある）。

一度に多量仕込むときは、中種の場合と異なり全部を一つの山、一つの箱、または一つの袋にするとかさが多すぎて、中のほうの発酵がうまくゆかないおそれがあるから、それは一山（一箱、一袋）を四斗くらいの量に分けて寝かせたほうがうまくゆくのである。

米ヌカのほか、フスマでも麦ヌカでも小麦粉でも使用してさしつかえない。また固まったり、カビが生えたりした米ヌカなどでも、ノコクズの中へ混ぜていっしょに仕込むと、カビ菌はバイムフード菌に負けて、エサとして蘇生が可能となる。台所から出てきた小麦粉や米粉で、虫がつづったりして食用にならないものもいっしょに加えて利用する。そういうものは比率外としていくら余分に加えてもさしつかえない。

仕込んだあとは中種の場合と同じく、そのまま放置しておけば発酵菌は勝手に繁殖し、勝手に醒《さ》めて休眠してゆくので、手を加える必要はない。発酵を早く材料の隅々までゆき渡らせようとするなら、中心に温度が出てから一度切り返しを行なうとよい。あわてなければそういう必要もない。ことに夏の発酵は切り返しを行なわなくても、すぐ隅々までゆき渡る。

そして、仕上がったものは逐次エサとして使用してゆくのであるが、温度の醒めないうちからでも、醒めてからでも、使うのはいつでもよい。すぐ使ってもよいし、一〇日後、一ヵ月後に使っても効力に変わりはない。

使用量の目安

使用量は自家配合例で述べたが、育成飼料で全飼料比二一%ぐらい、成鶏飼料で同じく一五%ぐらいの混合が適当である。このようにノコクズを混合した飼料は、発酵の連鎖反応により飼料全体が発酵し始める。ことに豆腐粕、残飯などの水分の多い材料を用いると発酵は速やかである。この発酵により、全飼料の消化が高められる（これを体外消化という）。これも夏は速やかに冬は徐々に発酵し始めるが、いずれの場合も給与期間に制限（混合後何時間以内とか、何時間以上とかの制限）はない。混合後すぐ与えてもよいし（この場合は体内へ入ってから消化が促進される）、一、二日たってからでもよい。風乾すれば（放置しておけば自然と休眠することは、先のノコクズ仕込みのときと同じ）長期保存に堪えるので、もっと長くたってから与えてもさしつかえないのである。

第18図　袋につめた発酵飼料

発酵飼料というと、学者先生たちはたいてい発酵熱によるカロリーの損耗を警告するのである。なるほどそれは確

かにカロリーの消耗を招くに違いないが、しかしそれと同時に消化の促進も合わせて行なわれることを否定できないであろう。一合のダイズを煮豆にした場合と、これを発酵させて納豆にした場合と、どちらが養分が高いのか。または、一合の米を御飯にしたときと、甘酒にしたときとではどう違うのか。

禅寺の修業僧が一日一二〇〇カロリーの食事で荒修業に堪えられるのは、味噌や納豆や梅干しなどの発酵食品を食べ、その連鎖反応により同時に食下した他の食品の消化吸収が高められるからであるといわれている。計算では一二〇〇カロリーしか摂取していないのに、実際は二〇〇〇カロリー以上の活動ができるということは、発酵食品が発酵過程で失ったかもしれぬカロリーの損耗を、連鎖反応により消化吸収を高めることで補って余りあるということではないのか。

鶏の場合も、発酵過程でのカロリー損耗のため栄養が不足し、鶏がやせて卵が産めなくなったということは全くみられない。むしろ計算よりはるかに低栄養でも卵を産み通すことが可能であるから、それは禅寺の修業僧の場合と同じなのである。

(4) 発酵飼料の効用

では、これからノコクズ発酵飼料の効用について列記してみよう。

①体液の弱アルカリ化——「緑餌」の項で述べたごとく、濃厚飼料は酸性飼料であるから、オール

完配依存でゆくと、体液が酸性に傾き病気にかかりやすくなる。ノコクズ発酵飼料は緑草や腐葉土と同じくアルカリ飼料であるので、体液を弱アルカリに保つ作用をする。したがって鶏の抗病力が増し、ワクチンや予防薬を使用する必要はなくなるのである。

②軟便・糞臭の防止——これもすでに「緑餌」の項で述べたことであるが、体液が酸性に傾くとこれを防止するため、天与のサーモスタットが働いて腎臓の活動が活発化する（血液中の炭酸を体外へ流し出すため）。すなわち水を多く飲み、これを盛んに排せつするのである。だから軟便は、血液酸性化の必然的生理現象なのであり、また必要欠くべからざる生理現象でもあるといえるのである。

だから軟便防止のために水を制限するというのは、きわめて残酷であると同時に、きわめて不適当な処置であるというべきではないだろうか。軟便がいやであったら、まず体液を弱アルカリ化することが先決である。なにも鶏は無理に水を飲んでいるわけではない。酸性化防止のためにやむなく多量の水を飲んでいるのである。体液が弱アルカリになりさえすれば水の多飲もやめるし、軟便もピタリとやむのである。

後藤孵卵場須衛試験場（岐阜県各務原市須衛）では、完配区とノコクズ区との比較試験をケージで行なっているが、夏、完配区の糞は泥状で通路へ流れ出しているのに対し、ノコクズ区の糞はケージの下にピラミッド状に積もっているのである。また、ノコクズ区で糞臭が全くないのは、それは排せつ機能が正常に働いている証拠である。糞臭が強烈であるというのは鳥類として異常であり（野鳥の糞はほとんどにおいがない)、明らかに酸毒症の現われであると思われる。

農協の肥料庫に袋入りの人工乾燥鶏糞が入庫すると、五〇メートルも遠くまで異臭が鼻をつく。ところが私の鶏舎の糞は、鼻先でもにおいが全く感じられない。ある消費者はこれを自分の食べた弁当箱に詰めて、園芸用に持ち帰ったほどである。

③カンニバリズム(つつき)の防止——前にも述べたごとく、繊維の不足が尻つつきの原因となる。ノコクズは繊維の塊みたいなものであるから、カンニバリズムの防止に役立つ。

④卵黄中のコレステロールの減少——ノコクズを与えると、鶏の血液中のコレステロール値が減少すると同時に、その鶏の産む卵のコレステロール値も低くなる。アメリカのミシシッピー州立大学にある農務省の研究機関は、ノコクズを鶏に一%与えると卵黄中のコレステロールが一%減少し、同じく一〇%与えると一〇%減少するという調査結果を『フィードスタッフズ』という業界誌に発表している(昭和五十三年十二月十八日号)。

私は岐阜大学で自分の卵についてコレステロールの検査をしてもらったのであるが、市販卵に比較して卵黄中のコレステロール値が一二・七%低いという結果が出た(私はそのときノコクズ発酵飼料を一三%与えていた)。

一般に、卵のコレステロールは洗剤と結びつかないかぎり、これを食べたとき血液中にふえる濃度が一%ときわめて低い。また、**コレステロール**そのものは人体にとって必要で有益なものであるから、コレステロールに関するかぎりあえて卵の摂取を少なくしたり拒否したりすることは不要である。
しかし、多くの人々は卵のコレステロールが動脈硬化や結石に結びつくと誤信しているので、やはり卵のコレステロールも多いより少ないほうが歓迎されるのである。また、卵の含有コレステロールは、害はなくとも少ないほうが実は正常であり、多すぎるのはやはり異常であると思うがどうか。これも軟便、糞臭と同じく酸毒化による異常と見なしてさしつかえあるまい。

⑤ハウユニットが高くなる——ハウユニット（白味の粘度、つまりその盛り上がりの高さ）は、卵質や鮮度をはかるうえでの目安に用いられるが、ノコクズ発酵飼料を与えると明らかにハウユニットが高くなる。私どもの取引先のダイエー（大手スーパーのひとつ）では卵質のテストをくり返し行ない、二四日をへてもなおそのハウユニットは一級卵程度という判定をくだしている。故に、ノコクズを与えれば卵を高く買う、というのである。

後藤孵卵場須衛試験場でも卵質試験を行なっているが、完配区の三日目とノコクズ区の九日目とハウユニットが同じであるという結果が出ている。この場合ノコクズ区といっても、完配十ノコクズのケージ飼育なのである。もしこれを平飼いにして、緑餌を多給したうえでの自家配のノコクズということになれば、さらにその開きは大きくなるものと私は思う。

卵を目玉焼にするとき、ハウユニットが高いと白味がまとまってうまく焼ける。ところが白味の粘度が低く水様性卵白が多いと、鍋に白味が広がりすぎてうまく焼けない。あるホテルでは、近ごろの卵は白味が散って目玉焼が上手にできないので、白味の広がらないようなまるい枠を鍋の上に置き、そこへ卵を割って入れるという話である。すると全部の目玉焼がまんまるくそろいすぎて「人工」のにおいがし、客のウケがよくない。しかも使用後その枠を洗う手間が余分にかかるので、困っているということである。

⑥卵の日もちがよくなる——卵はカマボコやハムとは異なり、イモやダイコンと同じく「生きもの」であるから、生き続けているかぎり腐らない。ノコクズを与えて体液が弱アルカリ化された健康な母体から産まれる卵は、生命力が強く長く生き続けるのでなかなか腐らない（「卵質」の項で詳述)。

⑦エサの腐敗・凍結の防止——豆腐粕や残飯を自家配に組み入れると、夏は腐敗が早く冬は一夜で凍結する。しかしノコクズ発酵飼料がこれに加わると、腐敗菌を駆逐するために、夏場でも何日たってもエサが腐るということはない。冬も発酵熱によって凍結することはないのである。

また、雨水が入ってエサの原料が水浸しとなったときなど、そのエサにノコクズ発酵飼料を混合して発酵処理し、風乾（あるいは放置）しておけば、その水浸しのエサは腐敗止めをされて保存に堪えるようになる。長良川が決壊したとき、岐阜市周辺の養鶏場は冠水し、山積みの完配は水づけとなり、多くの養鶏家はそのエサの腐敗をおそれて全部を長良川に投棄したと聞いたが、もったいないことである。こういう場合ぬれたエサを発酵処理しておけば、このエサは長く使用に堪えるのである。

⑧エサの消化率が高まる——ノコクズ発酵飼料を与えるとエサ全体の消化率が一五％アップされる

といわれている。鶏は腸が短いのでエサの滞留時間が少なく、経口後約四時間で糞となって出てくる。故に、その消化率は低く七〇%である。ノコクズ発酵飼料を与えると、体外消化作用と体内連鎖反応によってその消化率はよくなり、八五%にはね上がるという。

⑨したがってエサ代の節約――となるのである。消化率が一五%上がるということは、エサが一五%節約されるということに通ずる。

鶏は証明する

そもそもノコクズがエサになるということは、ノコクズそのものが消化吸収されて養分とならなければならないが(ノコクズの繊維は硬くてそのままでは消化吸収がきわめてわるい。一説には一〇%といわれる。これを発酵処理するとセルローズが分解されて可消化の形となる、ということである)、もしもそれが鶏の消化吸収に堪えられるほどには分解されないとしても、ノコクズに繁殖した無数の菌がエサとなるということも考えられる。これを別名、菌体飼料という。ちょうど鶏糞をコイの幼魚のエサとして活用するとき、鶏糞そのものをエサとするのではなく、田んぼへ入れた鶏糞にわくミジンコ(プランクトン)を幼魚が食べるという方式と同じである。

そしてさらに、もしもそのノコクズに繁殖した菌もまたエサとして活用するに足らないものであると仮定するならば、最後の手段として、発酵菌(酵母)の分泌した酵素の作用により(体外消化と連鎖反応)、同時に食下した他のエサの消化率が一五%はね上がるということに期待しよう。

第9表　ノコクズ発酵飼料の給与と産卵

（その1）　発酵飼料給与試験成績（161日齢～553日齢）（G121）

週　　齢	23	24	25	26	27	28	29	30	31	32	33	34	35	36	37	38	39	40	41	42
残　存　率(%)	100	100	100	100	100	100	100	100	100	100	99.6	99.6	99.6	99.6	99.5	99.5	99.5	99.5	99.1	99.1
産　卵　率(%)	0.8	4.6	16.1	32.9	52.4	64.5	75.8	78.5	81.7	80.1	81.7	81.7	82.5	81.9	83.0	83.4	82.9	82.3	82.7	82.0
卵　　重(g)	53.3	42.5	48.5	50.4	52.7	55.0	56.0	56.8	57.8	58.4	59.1	59.7	59.7	60.5	60.9	61.3	62.3	62.7	63.1	62.9
採　卵　量(g)	0.4	1.9	7.8	16.6	27.6	35.5	42.4	44.6	47.2	46.7	47.9	48.8	49.2	49.5	50.6	51.1	51.6	51.6	52.1	51.6
体　　重(kg)	1.75				2.12			2.14			2.20					2.27				2.29
給　餌　量(g)	118	127	128	126	126	126	126	140	140	140	140	142	158	158	158	158	155	150	148	148
緑　餌　量(g)	20	〃	〃	〃	〃	〃	〃	〃	〃	〃	〃	〃	〃	〃	〃	〃	〃	〃	〃	〃

週　　齢	43	44	45	46	47	48	49	50	51	52	53	54	55	56	57	58	59	60	61	62
残　存　率(%)	99.1	98.9	98.8	98.4	98.4	98.4	98.4	98.0	98.0	98.0	97.9	97.7	97.0	97.0	96.4	95.7	95.7	95.2	94.8	94.8
産　卵　率(%)	81.1	80.9	81.1	80.0	78.9	79.0	80.1	79.8	77.9	80.5	79.5	80.5	79.0	78.6	75.8	75.9	77.1	75.6	73.7	71.3
卵　　重(g)	63.0	63.3	63.4	63.6	63.9	64.0	64.3	64.0	63.8	64.1	64.1	64.0	64.0	64.4	64.1	64.2	64.4	64.5	63.7	63.2
採　卵　量(g)	51.1	51.1	51.4	50.9	50.4	50.5	51.5	51.1	49.8	51.5	51.0	51.5	50.6	50.6	48.6	48.7	49.7	48.8	46.9	45.1
体　　重(kg)				2.23					2.26				2.34				2.26			
給　餌　量(g)	144	144	144	144	132	132	132	132	132	137	137	137	137	134	134	134	134	132	132	131
緑　餌　量(g)	20	〃	〃	〃	15	〃	〃	〃	〃	20	〃	〃	〃	10	〃	〃	〃	〃	〃	〃

週齢	63	64	65	66	67	68	69	70	71	72	73	74	75	76	77	78	79	50%産卵より1カ年間累計平均
残存率(%)	94.8	93.9	93.8	93.0	93.0	92.1	90.9	90.9	90.2	88.6	86.8	86.4	85.4	85.4	85.4	84.5	84.3	84.3%
産卵率(%)	70.2	69.8	69.3	67.6	63.2	63.8	65.4	66.9	68.0	70.8	68.9	69.4	67.6	66.8	66.7	65.5	60.5	75.3%
卵重(g)	63.2	63.0	63.1	62.7	62.5	63.0	63.4	63.6	63.6	64.2	64.5	64.3	64.6	65.3	65.4	65.3	66.1	62.5g
採卵量(g)	44.4	44.0	43.7	42.4	39.5	40.2	41.5	42.6	43.3	45.5	44.5	44.6	43.7	43.6	43.6	42.8	39.9	47.2g
体重(kg)		2.14				2.11					2.17					2.29		
給餌量(g)	131	131	129	129	131	131	141	141	141	141	141	140	140	140	140	138	138	138.46g
緑餌量(g)	10	〃	〃	〃	〃	〃	〃	〃	〃	〃	〃	〃	〃	〃	〃	〃	〃	

（その2） 産卵成績のまとめ（初産日齢より1カ年間）

項目	試験区 G121	対照区 G121
成鶏収容羽数 (羽)	560	312
成鶏残存率 (%)	84.3	81.1
50%産卵日齢 (日)	185	179
平均産卵率 (%)	75.3	76.9
平均卵重 (g)	62.5	62.0
採卵量（1日1羽） (g)	47.2	47.7
ヘンハウス産卵数	266.5	267.1
飼料要求率	2.94	2.56
平均飼料給与量 (g)	138.46	122.13
限界卵価 (円)	230.58	236.58

第19図　発酵飼料区・普通配合飼料区の産卵成績

（鶏種：G121）

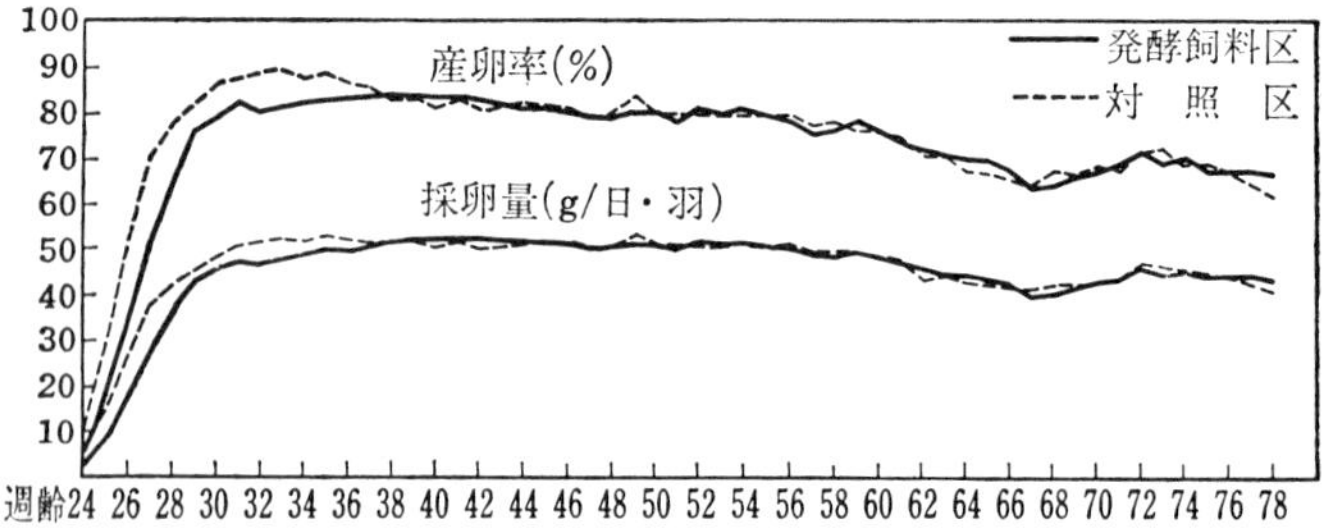

そのいずれも誤りであるということは断定できないのである。それは、鶏が実際に示す反応によって証明されているからである。

後藤孵卵場須衛試験場でのテストによると、一日一羽当たり完配八二・五グラム、ノコクズ生量で二〇・〇グラム（風乾換算一三・三グラム）、その他（生米ヌカ、トウモロコシ、魚粉、ダイズ粕、ミネラル、ビタミンなど）二二・七グラム、生緑草九・六グラム与えて、その産卵成績は一年間平均産卵率で七五・三％、年間一日一羽平均採卵量四七・二グラムという成績が出ている（第9表および第19図参照）。もしも、風乾一三・三グラムのノコクズが飼料としてなんらの貢献をしなかったとするならば、一年間毎日四七・二グラム平均の卵を産み通すことは、飼養標準の示すところに従えば、到底不可能であったはずである。一三・三グラムのノコクズは、それ自身がエサとなったか、あるいはそれに繁殖した菌がエサとなったか、または同時に食下した他のエサの消化を引き上げたか、いずれにせよ年間平均七五・三％の産卵を可能ならしめる一助となった、ということが理解されるのである。

発酵処理などというと、やってみないうちはめんどうな仕事のように思われて、手をつけるのがおっくうであるが、実際にやってみると案外容易にできる。ほとんど失敗することもないので、あまりむずかしく考えないでともかく実行してみることが先決である。養鶏全体についても言えることであるが、勉強してから始めるのではなく、まず始めてから勉強するほうがよいのである。勉強の最大の師は「先生」や「書物」ではなくて、「鶏」や「ノコクズ」そのものでなければならぬ。過《あやま》ちをおそれていたらなにもできはしない。過ちはむしろ尊い経験となるのである。

4 腹八分の給餌法

(1) 適量給餌とは

一日一羽当たりの給与量、ということにこだわると、たとえば一日一羽一二〇グラムの必要量を必ず鶏の口の中へ入れなければならないと思い込み、なにがなんでもそれだけの給与を完遂しようとする。だからエサ箱に前回のエサがいまだ食い切れず残されていても、一二〇グラムを今日中に与える必要から、次のエサを放り込むこととなる。鶏は珍しいものでも与えられたかと思い、一応エサ箱に近寄ってくるが、またしても同じ濃厚飼料ばかりであるから、ちょっとの間つつき回してみてやがてエサ箱を離れてゆく。

第20図　エサに群がる鶏たち

これでは、たとえ鶏が一二〇グラムを一日かかって食いつくしたとしても、それは胃もたれの状態でいやいやながら食ったのであるから、消化もわるく吸収もよくないのである。

だからいやいやながら一二〇グラム食うよりも、むしろ飛びついて一一〇グラム食うほうがはるかに鶏の身のためになると思われる。給与量にこだわって無理して一二〇グラム食わせる必要はない。だから私のエサ表にはただ配合比が示してあるだけで、給与量というものが出てこない。私は自分の鶏が一日一羽何グラム食っているか知らないのである。給与量などは何グラムでもよいのである。ともかく鶏が空腹の状態でガツガツと食いつくす量が適量なのである。だから次のエサを持って行ったとき、前回のエサが残っているようではいけないのである。必ず前回のエサが切れてエサ箱がからになっていなければならない。

もしエサが残っていたら、そのときはエサをやらないか、または給与を適宜控える。するとその次までには必ず食いつくして、鶏は空腹を訴え、エサを持って行くと飛びついてくるのである。

エサを切らすといまにも鶏が死んでしまうように思い込んでいる人があるが、とんでもないことである。エサは一週間や二週間切れたって、鶏は決して死にはしない。また一日や二日なにも与えなくても、産卵を中止するようなことはない。

エサが切れるとたいへんだと思い込んでいる人が、一方では平気で空気をしゃ断する。冬期ビニール幕で鶏舎を囲ったり、断熱材でウインドレス鶏舎を閉じたりするのはこの類である。空気はエサなどとは比較にならぬ重要なもので、鶏は空気が欠乏するとたった三〇秒～一分で死ぬのである。しかも空気は無料で無限に与えられているのに、わざわざ費用をかけてしゃ断する。そして一方では、高価なエサを惜しみなく（無理にも）与えようとあせるのである。

(2)　エサ給与のコツ

養鶏におけるエサ給与のコツは一言でいえば「食い切らせる」ということである。「食い切らせる」――なにもむずかしいことではない。エサを与えすぎないことである。鶏が飛びついて食べつくす量を与えることである。切れても「鶏がかわいそうだ」などと温情をかけないことである。与えすぎて胃もたれの鶏にすることのほうがはるかに「かわいそう」なのである。どうしても「食い切らない」ときは断乎として絶食させるだけの勇気が必要である。

「栄養あるものをたくさん食えば丈夫になる」というのは欠乏時代に生まれた栄養学の誤謬《びゅう》にほかならない。栄養あるものをいつもたくさん食っていれば人間だって胃にもたれ、食欲はなくなり、消化液の分泌がわるくなり、さもなくば栄養過剰となり、肥満体となり、糖尿病や心臓病になるのである。

空腹の状態で涎《よだれ》を流しながら食えば、一杯の麦飯も無上の御馳走である。うまいものが食いたければ御馳走をさがすよりも、まず空腹にすべきなのである。「腹をへらして粗食をおいしく」——これが実は身体を丈夫にする最大のコツである。

ところで「食い切らせる」という給餌方法、これを私は「腹八分給餌」といっているのであるが、しかしこれはいま流行の制限給餌ということとは違うのである。制限給餌というのは標準給餌量に対して何％かを制限する方法であるが、私がここでいう腹八分給餌というのは、標準給餌量に関係なく、前述のごとく、鶏が空腹の状態でエサに飛びついてきて、ガツガツと一応は腹のふくれるほど食う。しかし食い余して食もたれすることはなく、次の給餌の際にはエサ箱はからで鶏は空腹を訴える、という給餌法のことである。

(3) 給餌は観察の好機

こういう給餌法は、機械まかせではとても無理である。これは必ず手作業給与、しかも給餌の管理者がつねに同一人であることを必要とする。毎日同じ人が給餌をくり返していると、この鶏群にはどれぐらいのエサが腹八分給餌となるかが自然とのみ込めてくるのである。同じ羽数でも鶏齢により、産卵率により、季節により、鶏体重によりその食欲の度合いが異なり、エサの摂取量が異なるのである。到底機械などでは、いかにうまく目盛りをセットしておいても、この複雑なからみ合いに応ずる千変万化の給与ができるはずがないであろう。

給餌はまた、鶏の状態を観察する最も大切な仕事となる。

たとえば、エサ箱がからであるのにエサに飛びついてこない鶏がいる、異常があるのではないか。いつもと同じく腹八分のつもりで与えたエサが残った、それはなぜか（気温が上がるとカロリー過剰のためエサが残ることがある。産卵が落ちてもエサは残るようになる）。また急に食欲が出てきた、どうも腹八分ではなく腹六分になっているのではないか（気温が下がると同一配合のエサでは摂取量が多くなる。そのときカロリーは多めにする。また産卵が旺盛になると食欲が増す。すかさずこれに対して給与量をふやす）。

このような観察は手作業給餌ではじめて可能となる。だから私は「給餌をする」ということは、「エサを与える」ということよりも、「鶏を見る」ということのほうが眼目でなければならないと思うのである。機械は「エサを与える」けれども決して「鶏を見る」ことはしないのである。

(4) エサ給与のポイント

「エサ切れ」は次の給餌の二〜三時間前ぐらいにエサ箱がからになる状態がよい。あまり早く、たとえば五時間も前からエサ箱がからになったというのは給与不足である。

産卵と食欲は相関関係にあって正比例する。だが「卵を産むからエサを食う」のであって、「エサを食ったから卵を産む」のではないことを知っておくべきである。産まない鶏をつかまえて無理にエサを食わせても卵は産まないが、卵を産む鶏は卵を産むために必要なエサを猛烈に欲求するのである。

季節による摂取量の変化を給与量だけで加減していると、エサがムダになるので、配合比を基礎配合表（第8表）に従って変えてゆかねばならない。たとえば、冬に穀類をふやさずにいると、鶏はカロリー不足を摂取量で補って多食する。するとそれにつれて高価な魚粉が余分に鶏の口へ入ることになり、タンパクは蓄積されることがないので素通りして体外へ出るか、または穀物の代替としてエネルギーに消費される。高値の魚粉でより安い穀類の代用をすることはムダになるのである。

逆に、夏場に穀類を減らさずにいると、鶏はカロリー過剰のための摂取量を減らして対応する。すると、それにつれて魚粉の摂取量も減り（すでに基礎配合表の魚粉は最低限ギリギリである）、卵が産めなくなり損失を招くのである。

一日の給餌回数は朝夕の二回がよい。自然界の動物も多くは、朝と夕に食物を求めるし、また農作業との関係からいっても、この時間帯に給餌するのが都合がよい。さらに産卵最盛時間が八〜一二時に集中していることから、その時間帯をはずして給餌したほうがよい。産卵中に給餌すると、卵を産みかけでエサ食いに飛び出し、箱の外へ卵を落とすおそれがあるからである。

夕方は朝の二分の一ぐらいの量を与える。夕方は採餌時間が短いので少なく与えたほうがよい。たくさん与えると夜間残りエサにネズミがつく。

「食い切らす」ことは、エサ給与間隔と給与量とによって左右される。給与間隔が近ければ、たとえエサを少なく与えてもエサが残ることがあるし、逆にエサを多く与えても、給与間隔が遠ければエサは残らない。朝夕二回、そして夕は朝の二分の一という前提に立つと、それに見合っておのずから「食い切らす」量がどのぐらいであるかわかってくるのである。くどいようだが、その量は「何グラム」で表わすことはできない。それは鶏齢、産卵率、季節などで相違があるからである。

5　断嘴とはなにごとか

(1)　残酷な「七夜の行事」

前にもちょっとふれたが、「鶏の嘴を切る」という方法がこのごろ急速に普及し、採卵、採種、ブロイラーを問わず、全国的にひろく行なわれるようになってきた。ヒナが生まれて一週間たつと、嘴

第21図　カボチャをつつく鶏

を焼き切る「七夜《しちや》の行事」が執行されるのである。

嘴——それは鶏の唯一の道具または武器である。嘴がなかったら鶏はなにもできないのである。鶏はいっさいの仕事を嘴だけで片づける。

まず鶏はその嘴でもって、どんな微細な穀粒でもこれを拾って食べることが可能であり、またどんな大きな果菜、根菜でもこれをつつきこわして食うことが可能であり、さらにどんな形の雑草でもこれをちぎって食下することが可能である。逃げる昆虫を追っかけてこれをくわえ、土の中のミミズを掘り出して食う。

鶏の嘴は人間にとって刈取り、脱穀の機械（または捕獲の網や銃）、そして皮剝《は》ぎ、調理（包丁やミキサーや鍋）、茶わん、箸、歯と舌と唇等々、一連の雑多な道具と作業とに匹敵する、しかもただ一つの器官でそれだけの仕事を全部片づけるのである。

さらに鶏は嘴で、砂浴びのための土を掘ったり、巣づくりの場所を整理したり、羽根づくろいをして油をぬったり、外敵には嘴で立ち向かい、交尾もまた嘴でメスの頭をくわえて行なう。鶏にとって嘴は鬼の金棒ではなくて、象の鼻みたいなもので、いっさいの仕事は嘴がなかったら遂行することができないのである。

その唯一無二の道具であり、武器である大切な嘴を、人間は自分だけの都合で無残に切断しようとする、これを「残酷養鶏法」というのである。

(2) つつきのほんとうの原因

なぜ嘴を切るのか。前にもふれたようにそれは「つつき」を防止するためである。つつきは元来繊維の少ない濃厚飼料のみを与えられて、繊維欠乏症に陥った鶏が、つつくもののなにもない環境で繊維を猛烈に要求して、友だちの羽毛をつつくことから起こるのである。だからつつきを防止しようと思ったら、嘴を切るよりも、まずつつくもののある環境（たとえば大地）で飼い、そして繊維を多給すべきである。

嘴の無断切除によって人間は一方的に利益を受けようとたくらんだのであったが、豈図《あに》らんや、代償のない行為はここにも存在しなかったのである。嘴を切ることによって鶏は、全粉完配のほかはなにも食うことができない片輪となり、もしもそれ以外のエサを利用しようとすれば、すべて人間がこれを微細にすりつぶして、鶏の口の前へ運んでやらねばならないたいそうめんどうな仕事が必要になってくる。そこでやむなく徹頭徹尾完配依存、たとえすぐそこに緑草が生い茂っていても、これは除草剤で退治して鶏には与えない。野菜やくだもののクズがたくさん出ても、これは塵埃《じんあい》処理場へ送って鶏には利用しない、という「殿様養鶏」を余儀なくされるのである。

さて、嘴を切ったり、雑草を薬で殺したり、野菜クズや鶏糞を焼き捨てたり、というのは自然破壊作業の一端にほかならないが、このようにして自然循環の一環を切断すると、そこから際限もなく影響が連鎖波及し（それは大自然のしっぺ返しである）、その報いをどこまでも甘受してゆかねばならないこととなる。

見よ、鶏は羽虫一匹自らの嘴で退治することができなくて、人間が噴霧器で毒剤を吹きかけにやってくるのを待つしかないのである。哀れな鶏はかゆい所をかくことすらできないが、まさかそこまで機械や薬剤や人力に依存するわけにはゆかないであろう。

繊維の多い粗飼料を与え、そこにつついたり掘ったりするものが不自由なく存在すれば、鶏はわざわざ友だちをつつき殺したりはしない（その他密飼いもつつきに関係がある。うす飼いにして通風をよくしておくことも、つつき防止の一役を担っている）。

「嘴を切らなくて、つつきが出ないなんてまさか――」と疑いをもって私の所を訪れる人が、鶏が腹をへらしているにもかかわらずつつきをやらないのに驚いて帰ってゆく。だが鶏はつつくのが天性であるから、つつきをやめさせることはできない。つつきをやめさせることは、鶏であることをやめさせるのと同じである。要はつつきをやめさせるのではなくて、つつくものを（友だちのほかに）鶏に与えることである。つつくもの——それは雑草でありイモでありカボチャでありワラクズであり、そしてなによりもコンクリートではない大地なのである。

(3) 養鶏技術の奥の手

賢明な読者は、ここまで読んでおそらく「切り餌《え》（食い切らせること）」と「つつき防止」との間の矛盾にお気づきのことと思う。鶏を「空腹の状態におくこと」と、「つねにつつくもののある状態におくこと」とは明らかに矛盾する。私は正反対の主張を臆《おく》面もなく、それぞれくり広げたことになるのである。

だが、鶏は満腹でもつつくことは前にも述べたとおりである。また「つつくものがあってもつねに満腹になるとは限らない」ということも合わせて知る必要がある。いくら鶏がつつくのが得意であっても、まさかワラクズや大地をつついて、穀類やタンパクの不足をそれですっかり補うことはできないのであって、いくらつつくものが不自由なくそこにあっても、やはり空腹のときは空腹なのである。緑餌が腹いっぱいあれば、それだけで満腹してほかのものはなにも食えないということにもならないし、カボチャやイモをつついているのでそれで満腹し、自家配のエサを持って行っても飛びついてこないということにもならないのである。

もちろん、カボチャや緑餌を食えば、その分だけは確実に他のエサが節約できることも事実である。

このあたりの兼合いが養鶏技術の奥の手ともいうべきところで、カボチャやイモをつかせながら、また緑餌を鶏舎に放り込んでやりながら、それでも鶏が腹八分で、給餌のときには飛びついてくるような飼い方――これがまことの養鶏技術というものである。これはつねに鶏に接し、鶏の状態を把握していないと会得できない技術である（だがそんなにむずかしいことではない。いまから三〇年前、科学的管理方式を知らなかった当時の養鶏家たちがみんなやってきたことなのだから）。

近代養鶏における管理方式のごときは単なるシステムにすぎず、いやしくも養鶏技術といわれるようなものではない。自動給餌機を動かしたり、除糞装置を作動させたり、人工光線のタイムをセットしたりというようなことは、ロボットだってできる仕事であり、設備さえしてしまえばあとは誰でもワンタッチの操作しか必要としない。近代養鶏がシステム養鶏といわれるゆえんである（養鶏にかぎらずイナ作でも、近ごろはそのやり方を機械屋さんが指導する。永年の経験によるイナ作技術などは、機械を導入したとたんにその顔色を失うのである）。

五、平飼い用の鶏種と卵質のよしあし

1　平飼い用の鶏種

(1)　ケージ養鶏向きの白レグ

自然飼育（完全な放し飼いのことではなく、私がこれまで述べてきたような飼育法――できるかぎり自然に近づけた飼い方）さえすれば鶏種はなんでもかまわないように思われるかもしれないが、そうではない。もちろん原則的にはどんな鶏種でもよいのであるが、技術的に「平飼い開放、自家配、粗飼料」になじみやすい鶏種でないとうまくないのである。

たとえば、いま日本の飼育採卵鶏の大部分を占め、「卵を産む機械」と称賛されている白色レグホーンはどうか。それはしかしケージ養鶏向きに改良された鶏種にほかならない。間口二四センチのケージに二羽、三羽と押し込むことができるほど小型に改良され、小型なるが故に少食、少食多産なるが故に濃厚飼料を必要とする。自給未利用資源活用の、粗飼料飼育には到底堪えられそうもないのである（三〇年前の白レグは体重六〇〇匁（二・二キロ）ぐらいあったが、いまやそれは一・六〜一・七キロの体軀に縮まった）。

また、小軀で身軽なるが故に平飼い開放にすると、高さ五〜六尺（一・五〜一・八メートル）の金アミは苦もなく飛び越えてしまう。おそらくゴルフやバッティング練習場ぐらいの柵を必要とするのではないか。しかも、白レグはきわめて神経過敏で、ちょっとした物影や物音に驚いて爆発的に騒ぐのである。平飼いで管理者が鶏に直接接する飼い方では、帽子や手ぬぐいがチラリと動いただけでも鶏はびっくりして舞い上がる。目も口もあけられないほどのホコリに巻き込まれ、鶏自体も止まり木や柱にぶつかって卵墜症の原因となったりする。これはもう狭い檻《おり》（ケージ）の中に閉じ込めておかなかったらどうしようもないのである。

白レグを除いては、他の鶏種ならまあまあどうにか平飼いにしても、管理操作のうえからはそんなに不便は感じないであろう。横斑プリマスロック、名古屋（コーチン）、ニューハンプシャー、ロードアイランドレッド、それに一代交配種などがある。いずれも昔は兼用種と呼ばれ（白レグやミノルカを卵用種と呼んだのに対比して）、卵と肉と両用に供されたのである。しかし、近ごろは肉はブロイラーに押されて需要がガタ落ちしたので、兼用種とはいわなくなった。同時にこれらの鶏種はすっかり後退し、ケージの普及と相まって白レグ全盛期を迎えたのである。

(2) 赤玉鶏の特徴

ところで近年、右に述べた鶏種のほかに「赤玉鶏」と称する交雑固定種が台頭してきた。欧州各国では以前から赤玉種が多く飼育され、フランスなどはこの赤玉種が全体で九〇%の占有率を持つといわれている。日本での赤玉種の銘柄はいくつかあるが（コメット、ワーレン、ゴトウ一二一など）、私はゴトウ一二一を飼育している（岐阜市西野町七丁目後藤孵卵場）。これはロード、ニューハンプ、コーチンなど数種の赤玉鶏を交配固定させたもので、各原種の長所を兼ね備えた優良種である。コメット、ワーレンなども多産種で人気があるが、やや小軀（ケージ向き）のため平飼い粗飼料飼育ではゴトウ一二一に及ばない。

第22図 平飼い向きの赤玉鶏

以下、赤玉鶏の特徴について述べる。

性質温順で人に慣れるので飼いやすい。管理者が平飼い床へ入ってゆくと、鶏たちは逃げないで寄ってくる。姿勢を低くして卵でも集めていると、肩の上へ上がったりする。めったなことでは騒がないし、柵の高さも四尺（一・二メートル）あれば飛び越えるようなことはない。

粗飼料に堪え、これをよく消化吸収して卵に換えることができる。雑草などは驚くほどたくさん食べる。あらゆる残り物、クズ物でもことごとくつっついて食ってしまう。

環境やエサの急変にも堪える。鶏舎を替えたり、鶏を移動合併したりしても、白レグのように産卵がいちじるしく低下することはない。エサの材料や配合比が急変しても、産卵に大きな影響は現われない。こういうとき、よく「白レグは敏感だから産卵に響くが、赤玉は鈍感だからあまりこたえない」などという人があるが、話はむしろ逆である。環境やエサが急変したとき、赤玉はそれに「敏感に対応できる」から、産卵にあまり影響しないのであって、白レグは鈍感ですぐ対応することができないから産卵に響くのである。白レグはただ物影や物音に驚くことにおいて「神経過敏」であるにすぎないのである。

また、赤玉鶏は卵質がよい——といっても、科学的に分析して出てきた数値の比較ではなく、いわば「みてくれ」の、外観の卵質がよいということである。カラのキメが細かく、見た目に美しい褐色卵、このカラの色は、昔の地玉子のイメージと合致するので消費者に歓迎される。中味については米のうまさについても、品種だけによって決まるものではなく、土質、肥料、天候、水管理、刈取り時期、乾燥、脱穀、貯蔵、精米、飯釜、火加減等々すべてが関連して御飯の味が決まるのである。素人はササニシキ、コシヒカリといえば、その他の関連事項がどうあろうと、うまい米だという認識しか持たないが、『現代農業』誌五十五年六月号によると、最もまずいといわれる道産米の「イシカリ」を圧力鍋で炊いたら、日本一うまい御飯になったと書いてある。卵の中味、そのおいしさも、鶏種だけでは断定できないので、この項では省略し、あとの「卵質」の項で述べることにする。

科学的分析の数値では、赤玉も白玉も有意差はみられない。ビタミンなどでほんのわずか赤玉が優れているという結果も出ているが、これも鶏種以外の関連事項（ことにエサ）とにらみ合わせないことには断定できないと思われる。

赤玉鶏は暑さや寒さにもよく耐える。これは環境の急変に堪えるのと類を同じくしている。マイナス一二、三度でもオール開放で平気であるし、夏三〇度を越えてもあまりへばらない（これは鶏種だけでなく健康度にも左右される）。

病気に強い——これも鶏種だけが負うべき問題ではないが、すべての管理を同一にして他鶏種と比較すると、赤玉鶏のほうが生存率が高いのである。

産卵持続性に富む——体軀が大きいので、白レグより長もちする。

汚卵が少ない――カラのキメが細かくなめらかなので、汚れがつきにくい。

2 卵質はなにで決まるか

(1) エサと卵質の関係

一般に、養鶏の常識では「よいエサを与えれば、よい卵が得られる」と考えられている。常識だけではない。案外（というよりむしろといったほうが妥当）学問的、科学的にもそのように推測されているのである。卵（もちろん良質卵）の内容を分析して、よい卵を産ませるためには、どのような原料がどのような組合わせで配合されなければならないか、ということを検討すると、そのゆきつくところは現在市販されているような完全配合飼料となるのである（「単味飼料自由摂取試験」の項参照）。

ところがどうしたわけか、市販完全配合飼料からは良質卵が得られないのである。そのことはすでに日本中の完配を愛用している企業養鶏家が幾年にもわたってくり返し実証ずみである（私が科学的にも推測と書いたのは、それが実証と相反するからである）。

もしも完配の卵が良質であるならば、消費者たちは、なにも私のような粗飼料飼育の卵に高い金を払って殺到するはずがない。彼らがはるばる車をとばして私の所へ卵を買いにやってくるのは、マーケットで求めた安い卵が、一〇個のうち何個も（別に腐敗していないのに）黄味が散ったり、白味に粘りがみられなかったり、卵のカラが薄くてすぐ割れたりするからである。人知のかぎりにおいて開発された地上最高の科学的完全配合飼料からは、しかし実際には粗悪卵が産まれてくるのである。これはいったいどうしたことなのか。栄養学者よ、そのわけを教えてもらいたい。

思うに、いかに栄養学者や飼料メーカーが期待をかけようとも、エサだけからは決して良質卵が得られないということ、エサのほかにたくさんの因子がからみ合って卵の質を決定していると思われること、さらに、お気の毒ながらエサそれ自体においてすら、完全配合飼料はむしろ良質卵生産の材料ではなく、逆に「粗悪卵」製造の原料にすぎないと考えられることである。

では、これから順を追ってこれらのことを検討してみよう。

(2) 良質卵の条件

いささか自画自賛に傾くのはお許しいただきたい。私はこれから自分の鶏が産んだ卵の自慢をしながら話をすすめてゆかねばならないのである。

薬剤フリー

第一には、薬剤フリーの卵だということである。これは見た目や触れた感じや味わいでは判別できないことであるが、しかしこれが卵質決定の最重要条件と思われるので、第一番に特記したのである。

完配飼料には薬剤添加物がどのぐらいたくさん混入されているか、また企業養鶏では現場で、抗生物質や人造ホルモン剤、予防薬などをどれほど注射あるいは経口投与しているか、にわかには数えられないほどである。

自家配の農家養鶏であれば、これらの薬剤添加物のいっさいを除外することができるし、鶏が健康であれば全然使用する必要もないのである。「薬づけ」を消費者がおそれるのは、卵に移行したこれらの薬剤などが人体に悪影響を及ぼすからである。薬剤フリーの卵というだけで、その卵には千金の値打ちがあると思われる。

洗卵しない

第二は洗卵していないことである。洗卵すると卵殻の表面を覆うクチクラ層という薄い被膜が除去される。この膜は外部から細菌が侵入するのを除ぐ自然の第一関門であるから、これを洗い流すと腐敗菌が侵入し、卵のいたみを早めるのである。また洗卵には多く化学洗剤の液が使用されるが、洗剤は浸透性があるので容易に卵の内部へもぐり込み、そこでコレステロールと結びつく。

洗剤と結びついたコレステロールは、人体内に入ってから血管に沈着しやすくなるといわれている（ちなみにコレステロールそのものは人体に必要であり、おそれることはない。問題はそれが沈着するかどうかに関わっているのだ。洗剤で洗浄しない卵ならば、たとえたくさん食べても、血中にふえるコレステロールはほとんどゼロに等しいということである）。大型養鶏では、莫大な数の卵のために洗卵機と洗剤なしではきれいにすることができないので、卵の洗浄は彼らにとって必要悪である。

われわれはたかが五、六〇〇の卵であるから、全部手で選別し、汚れはサンドペーパーで落とすことができるのである。故に卵質は、小羽数によってのみ保証されているといっても過言ではない。

卵のカラが丈夫

第三には、卵殻が丈夫で緻密で割れにくいということである。これは可食部分とは関係ないようにみえるが、クチクラ層の次は、この卵殻によって内部が保護されているのであるから、それは丈夫で緻密であるにこしたことはない。大地の上で日光を浴び、緑餌をふんだんに食べて産み出される卵は、狭い檻《おり》の中に一年じゅう閉じ込められている鶏の卵と比較して、そのカラが固くしっかりしていることはあたりまえであろう。そしてカラが強いことは、単にそれだけではなく、内容も充実していることを示す証拠である。

皮膚は内臓の鏡であるといわれているように、卵殻は卵白・卵黄の鏡であると思うのである。だからこそ消費者は卵の内容を問題とする前に、そのカラを問題とするのである。

第23図　汚れはサンドペーパーで落とす

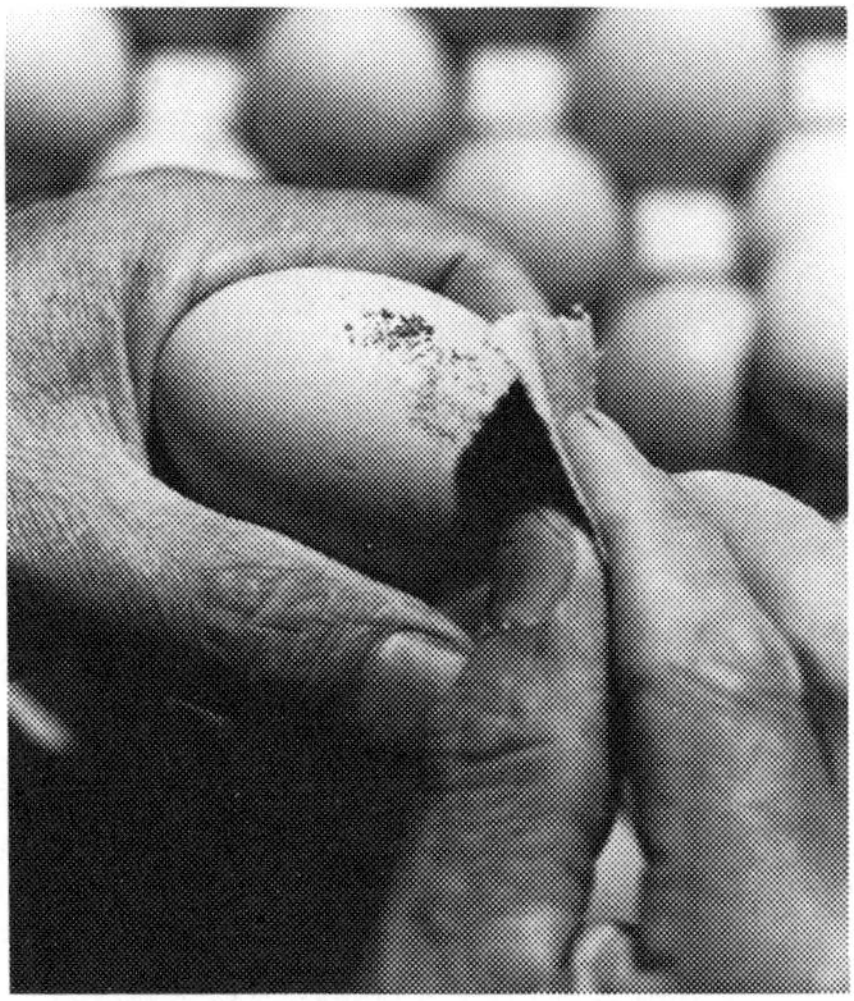

第24図　卵黄が盛り上がっている良質卵

内容がすぐれている

第四には、その内容がすぐれているということである。卵黄はまるく盛り上がり、その色は黄金色に輝く。濃厚卵白の粘度が高く、それは卵黄をとりかこむようにくっついて離れない。卵白の粘度はハウユニットといって、卵の等級と鮮度を示す目安になっている。私の卵は二四日目でも、ハウユニットは一級卵という判定をダイエーが出している。食べてみてはコクがあって美味であり、一度この卵の味をしめた人は容易に離れることができないほどである。

およそ健全な子供は健康な母体から生まれるというのが自然界の法則である。まさか間違っても不健康な鶏が健全な卵を産み、健康な鶏が不健全な卵を産む、というようなことはあり得ないであろう。健康な鶏——それは大自然の恵みを鶏に惜しみなく与えることによってつくられ、よく運動し空腹にし粗飼料に飛びついて食うことによってつくられ、初産の抑制と腹八分産卵（後述）とによってつくられるのである。逆に、大自然から保護（隔絶）された人工環境のなかで、濃厚飼料を腹いっぱい与えられ、ビタミン剤やホルモン剤を強制投与されることからは、決して健康な鶏はつくられないのである。

また、健康な鶏の血液は必ず弱アルカリ性でなければならない。酸毒におかされた血液の鶏が健康であるということはあり得ないのである。酸毒症が濃厚（酸性）飼料によって生じ、弱アルカリ性血液が緑餌やノコクズなどアルカリ性の粗飼料によってつくられることはすでに述べてきたとおりである。

さて、卵が血液でつくられることは、卵巣の中の黄味に幾多の血管が走っていることによって了解されることである。酸毒におかされた不健康な鶏の血液によってつくられる卵が粗悪卵となり、健康な鶏の弱アルカリ性血液によってつくられる卵が良質卵となる。これはゆるぎなき自然界の法則であろう。

卵の日もちがよい

第五に、卵の日もちがよいということである。健康な母体から産まれた卵はまた、当然生命力も強い。卵の生命力が強いということは、卵の日もちがよいということに通ずる。工業卵はエサに混入された防腐剤が卵に移行して腐りにくいといわれているが、自然卵は防腐剤は入っていなくても生命力が強いので腐らない。卵はハムやカマボコと違い、イモやダイコンと同じく「生きもの」であるから、生き続けているかぎり腐らないのである。

卵白には白血球のごとくバイ菌を駆逐する細胞があって活動している。生命力の強い卵はその働きが旺盛であるから日もちがよいのである。イモでも生きて呼吸していれば翌年までもつが、寒さで凍死すると腐り始める。卵でも冷蔵庫へ入れて凍死させると、外へ出したとき腐り始めるので、冷蔵庫へは入れないほうがよい。大自然は、常温でもかなり長期間腐らないような抵抗力を卵に与えているはずである。野鳥のキジが野原に卵を産み放しでためていても腐らず、ヒナが生まれてくるのはこのためである。

私の卵はある消費者の実験によると、九月二十六日産卵のものを室温に保存し、十一月三十日に割卵したが、卵黄も卵白もしっかりして異常は認められなかったということである。

コレステロールが少ない

第六には、卵黄中のコレステロールが市販卵よりかなり少ないということである。このことについては「ノコクズ発酵飼料」の項で述べたので省略する。

PCBや水銀の汚染が少ない

第七には、魚粉の使用量が最低ギリギリに抑えてあるので（完配の二分の一から三分の一）、魚粉中に含まれていると推定せられるPCBや水銀の卵に移行する量が、市販卵の半分以下に抑えられる。PCBや水銀汚染は海洋の到る所でみられ、南極のペンギンからでさえ検出される始末である。人間によるすべてのたれ流しは大地から川へ、川から海へ、そして魚を通じてまた人間へ戻ってくる。魚を食べる以上はそれから逃れることはできないのである。

鶏に摂取させる魚粉も少なくして、ＰＣＢや水銀の移行をできるだけ抑えねばならない。多産を求めて多量の魚粉を投与するのは、卵質をわるくする一因となる。ことに魚粉多投がカロリーの代替となるに及んでは、経済的にも損失となるのである。

もともと鶏が魚を食うというのは本来の食性ではない。鶏の摂取する動物タンパクは昆虫かミミズのはずである。ただ人間は便宜上、昆虫やミミズの代わりに魚粉を与えているのである。たしかに魚粉を与えるほうが入手容易で便利なのであるが、ＰＣＢや水銀のことを考えれば、少々手間がかかっても昆虫やミミズの養殖も研究してゆかねばなるまい。今後の課題として検討する必要がある。

六、鶏の育成法

1 低成長育成の徹底

苗半作——これは鶏の場合も例外ではない。ヒヨコのでき（成育）の良否が産卵鶏の成績の大半を決定する、といっても過言ではないのである。

ヒヨコのできがよい——ということはしかし決して早く大きくするということではない。チッソ過多で黒々とした徒長苗が、いかにその後のイネの成績に悪影響するかは先刻御承知のとおりである。

人間でも、生まれたときの体重が倍になるのに六カ月を要すものを、人工粉乳で栄養過剰に育てると四カ月で倍になるという。このように成長が加速されると、厚生省が発表したように、成熟の頂点が早く、一七歳で体力のピークがきて、一八歳から老化が始まるという現象が起きるのである。そしてそれらは直ちに早老早死につながる（平均寿命の延びに若い世代が役立っているのは、乳幼児死と結核死の減少による。平均寿命以上に生きて、実質的延長に貢献しているのは現在のところ、粗衣粗食、困苦欠乏に堪えて難渋しながら成長した明治生まれの人々だけである。いまの若い世代が平均寿命以上生きるかどうかは保証のかぎりではない。)

ヒヨコにとって人工粉乳に匹敵するものはチックフードである。この高タンパク・高カロリーの濃厚飼料で育て、加えて外気をしゃ断した過保護の状態でぬくぬくと育てると、ヒヨコはたちまち大きくなって、生まれたときの体重が倍になるのに一週間とかからないのである。

このようにして育ったヒナは、性成熟が進んで産卵の開始が早まり、梅干しのような卵を機関銃のごとく産み、一年もたたぬうちにもうくたびれ果ててしまうのである。

ヒナはいちじるしい粗飼料で、外気にさらして抵抗力をつけ、ゆっくりと育てると、性成熟が遅れ、体軀が充実してから初産に入るので、初めからしっかりした大きい卵を産み、長く産み続けてもくたびれないのである。

そもそも脚も羽根も弱々しい初生ビナが、その食物の獲得能力からいってそんなにたくさんの濃厚飼料を得られないのはあたりまえで、自然の状態では困苦欠乏に堪えて成長するのが常道である。至れり尽くせりの高栄養の人工チックフードを飽食させて育てるのは、はなはだしい反自然であるといわねばならない。

これから、その低成長育成について述べることにする。

2 低成長育成のエサ

(1) チックフードを食べ残す

粗飼料による育成を原則とする。粗飼料ではヒナが好んで食べないのではないかと心配する向きもあろうが、それは杞憂《きゆう》である。ためしに餌付け後一〜二日して、チックフードとノコクズ発酵飼料とを別々の容器で自由摂取させると、ヒナはチックフードを残してノコクズを食べるのである。ヒナは先天的に粗飼料を欲求し、それによって「早く大きくなりたくない」ということを意志表示しているのである。

また、大すう用完配とチックフードを別の器で与えても、ヒナはチックフードのほうを食べ残す。地上最高の栄養食であるチックフードよりは、いくらか粗飼料である大すう用完配のほうがまだましであるとヒナは思っているに違いない。低タンパク・低カロリー・低成長——ヒナが自ら選択した自然への回帰にほかならない。

だから育成用自家配ができないときは、餌付け飼料は大すう用完配にノコクズ発酵飼料を混合して用いてもよいのである(大すう用完配一袋二〇キロにノコクズ発酵飼料六キロ)。または成鶏用完配二〇キロに生米ヌカ五キロ、ノコクズ発酵飼料六キロの割合で混合して用いる。この場合、飼料添加剤

第10表 育成飼料自家配合表の一例

材料名	配合比	kg当たり単価	20kg配合目方	同左価格
	(%)	円 銭	(kg)	円 銭
黄色トウモロコシ（二種混合）	42	51 75	8.4	434 70
生米ヌカ	20	27	4.0	108
ノコクズ発酵飼料	20	4 50	4.0	18
魚粉	2	156	0.4	62 40
カニ粉	2	50	0.4	20
豆腐粕	乾 6	2	1.2	2 40
カキガラ	1.5	20 50	0.3	6 15
骨粉	0.7	96	0.14	13 44
緑餌	乾 5.8		1.16	
計	100		20.00	665 9

注）① 20 kg 当たり665円9銭は市販完配育すう飼料の半分以下である（55年8月現在）。
② ノコクズ発酵飼料の価格は原菌，米ヌカ，ノコクズ運賃など。
③ 豆腐粕と緑餌は風乾換算（5：1），豆腐粕は破卵と交換。

などを考慮すれば、完配依存は好ましくないことになるので、なるべく短期間の使用にとどめたい。

　玄米（古米でもクズ米でも）の余っているときは、餌付けを玄米で行なってもよい。鶏はツバメやスズメと異なり、生まれるとすぐ自力でエサを求めねばならぬ宿命を持つ。初生ビナがまず啄食《たくしょく》できるものといえば草の実（それに腐葉土、緑草）であろうから、餌付けを玄米で行なうのはきわめて自然な方法であると思うのである。玄米給与は一週間ぐらいにして、徐々に自家配など他のエサに切り替える。

(2) 粗飼料育成の成果

　自家配のできる人は、入手しやすい原料を組み合わせて育成飼料とする。第10表に自家配の育成

第11表　市販育すう用完配の配合表（中すう用）

原材料の区分	原材料名	配合比
穀類	トウモロコシ，マイロ	65(%)
植物性油粕	ダイズ油粕	11
動物タンパク飼料	魚粉，肉骨粉 フェザーミール	9
ヌカ類	脱脂米ヌカ，フスマ	5
その他	コーングルテンフィード，ルーサンミール，炭カル，燐カル，食塩，飼料添加物など	10

飼料添加物の名称

アンプロリウム，エトバペート，スルファキノキサリン，ビタミンA，ビタミンD_3，ビタミンE，ビタミンK_3，ビタミンB_1，ビタミンB_2，ビタミンB_6，ビタミンB_{12}，D-パントテン酸カルシウム，塩化コリン，ニコチン酸，葉酸，d-ビオチン，炭酸マンガン，炭酸亜鉛，硫酸鉄，硫酸銅，ヨウ化カリウム，硫酸コバルト，DL-メチオニン

注）この飼料は食用を目的としてと殺する前7日間は使用できない。

飼料例を掲げておくので参考にされたい。これは中・大すう（三〇日から一八〇日頃まで）共通の自家配なので、餌付け・幼すう期（三〇日齢まで）は、二種混合五〇％、生米ヌカ一六％、ノコクズ発酵飼料一六％にし、他はすえ置きとする。なお第11表は市販育成用完配の配合の一例である。飼料添加物の多いことに注目されたい。

大すう用完配や成鶏用完配利用のときも、先に述べた混合率で出発し、ヒナの成長につれて米ヌカやノコクズを増してゆき、三〇日齢頃からは大すう用二〇キロに対し米ヌカ五キロ、ノコクズ発酵飼料一〇キロ、または成鶏用二〇キロに対し米ヌカ一〇キロ、ノコクズ発酵飼料一〇キロに増量して用いる。緑餌は別に多給する。

このような粗飼料育成でゆくと、ヒナは小さくともがっしりと引き締まった体軀に成長するので

ある。粗飼料をこなすため、筋胃の胃壁が厚く丈夫になり、蠕《ぜん》動が旺盛となって腸が太くなり、したがって太い健康そうな糞をする。糞臭は全くない。

微粉状で消化のよいチックフードばかりで育成したヒナは、腸が細く、したがって糞も細く、その糞は悪臭を放ち、胃壁は薄く弱々しい。こういう育ち方をしたヒナは、一生涯粗飼料になじむことがむずかしくなる。苗半作とはこのようなことを指していうのである。

エサは不断給餌よりも「切り餌《え》」（次のエサを与えるとき前に与えたエサが切れている状態）のほうがよい。エサが切れて空腹の状態になったところへ次のエサを与えると、ヒナは飛びついてエサを食い、消化吸収もよくなるのである（「腹八分給餌」の項参照）。給与回数や給与量にこだわることなく、食いつくしてから適宜与えてゆく。たくさん与えれば次の給与まで時間が長くなり、少し与えれば時間が短くなるだけで、そのかけひきは各人の都合による。

適宜とはいっても、二日分も一度に与えるのはもはや切り餌とは言いがたく、それは不断給餌の部類に属する。少なくとも一日一回はエサ箱をからにするのが切り餌である。近代養鶏では、一日一羽何グラムという標準給与量に従って給餌されるが、農家養鶏では食いつくす量を適宜与えることを主眼とし、一日一羽何グラム与えるかは問題としない。

粗飼料育成によるヒナ体重の推移は第25図のごとくである。すなわち、ヒナは濃厚完全配合飼料育成の標準体重よりも三分の一低い体重で成長してゆくのである。標準体重九〇グラムのとき、粗飼料

第12表　小羽数平飼い養鶏での作業暦

週齢（日齢）	作業	注意事項
○週（餌付け）	育すう箱にヒナを入れる エサと水は初めから与える 湿度の補給	温度はヒナのようすをみて覆いで調節する。七月、八月餌付けは覆いは不要 土間に底なしの育すう箱は湿度の補給不要
一（一〜七日）	二〜三日目から緑餌を細切して一〇〇羽に二つかみほど、エサ箱にバラまく（以後毎日） 同じくグリット（小石）を一〇〇羽に一つかみバラまく（以後週に一回）	ノコクズ発酵飼料は本文記載のとおりの配合で初めから与える。玄米餌付けの場合はその上に三分の一量バラまく ヒナの就寝状態の観察を忘れずに
二（八〜一四日）	幼・中すうバタリーの準備 緑餌はしだいに多く与える（雑草で可）。細切して与えても束ねて箱内につるしてもよい	ヒナが大きくなるにつれ空気の汚れに注意 覆いにより換気と保温の両立に心がける 土間育以外で湿度の補給をしていたものは八日頃から中止
三（一五〜二一日）	三〜六月および九月餌付けのものは二週間すぎたら幼・中すうバタリーへ移す。七月、八月餌付けのものはこれより二〜三日早いほうがよい 一区一〇羽収容	ヒナに不ぞろいがあれば区別して収容するとよい エサ、緑餌、グリットすべてエサ箱で給与（ヒナは首を出して食う） ヒナの排便に注意。万一コクシの疑いを見たら飲水中四分の一量の食酢を加えるとよい。
四〜五（二二〜三五日）	ときどきヒナの体重を計量、標準の三分の二が適当	切り餌を給餌したとき、ヒナがいっせいにエサを食う中で、片隅に佇立するヒナがあったら、別飼いしてようすをみる
六〜八（三六〜五六日）	四〇日頃一区六〜八羽に減羽 中大すうバタリーの準備（金アミの破れ、スノコの破損などを補修）	幼・中すうバタリーは六〇日まで使用できるが、もっと早く四五〜五〇日で中・大すうバタリーへ移してもよい ヒナの成長につれ狭くなるので途中で減羽する
九〜一七（五七〜一一九日）	九週齢の初め中・大すうバタリーへ移す。一区一〇〜一五羽 この頃から朝夕二回給餌にする 一七週齢近くなれば成鶏舎を補修し、準備をする	ヒナの移動はすべて午前中に行なう（就寝までの間に場所に慣れる時間が入要） 中・大すうバタリーへ移すときも、ヒナに大小があれば区分して収容 エサ摂取量がふえただけ摂取量を多くする。時々給餌の二時間前にエサ箱を点検する

一八〜二五 （一二〇〜一七五日）	一二〇日すぎたら成鶏舎へ移動。一群の数は一〇〇羽まで 産卵箱で寝る癖を防ぐため入口を閉じる 緑餌は草を土間へ放り込んで与える	成鶏舎へ移動したその晩のヒナの寝ぐあいは必ず確かめる。金アミにくっついてかたまると外敵にやられる 最初の晩、止まり木に半数くらい止まるよう誘導する 移動してしばらくは食下量が落ちる 移動に際し掃除・消毒は不要
二六〜三一 （一七六〜二一七日）	第一卵をみたら産卵箱の入口は開いておく。一八〇日頃から徐々に成鶏用飼料に切り替える 産卵箱で鶏が卵を割ると食卵癖がつくので、初めの間集卵は回数を多くする	一七〇日頃から食下量が急にふえるので不足しないようにする 一八〇日頃第一卵をみる 成鶏用に切替えのさいは、まず夕方給餌分を成鶏用にして二〜三日ようすをみる。成鶏用に入っているカキガラの消費をみて、すっかり食べつくすようなら朝の給餌も成鶏用にする
三二〜四〇 （二一八〜二八〇日）	三〜五月餌付けの鶏には五割産卵（二二〇日頃）になったら点燈する（明るい時間が一四時間半になるように）	六〜九月餌付けの鶏は五割産卵になっても点燈しなくてよい。産卵は一月以降のはずなので、日ごとに日照時間が延びてゆくからである
四一〜七八 （二八一〜五四六日）	集卵は回数の多いほどよいが労力と見合わせ、少なくとも二〜三回行なう 鶏糞は使用するとき取り出すだけで、あとは何年でも放置 産卵開始後一カ年たった就巣鶏、換羽鶏が出たら淘汰、夏はことに緑餌多給	冬至の次の日から長日になるが、点燈打切りは五月になってから、夏季はカルシウム不足に陥りやすく卵のカラが弱くなるので破卵が多い。集卵は早めに
七九〜一〇〇 （五四七〜七〇〇日）	産卵二年目に入る休産鶏は淘汰 自家配合比の変更（ヌカ類を多めに穀類を少なめに） ワクモ退治（夏季に多発）	ワクモは鶏舎が古くなると出てくる。空気の流通がわるい鶏舎に多い。みつけたら防腐剤（クレオソート）と石油の半々混合液を発生個所に塗布（これが使用薬剤の唯一のもの）。風通しのよいオール開放には発生しにくい
一〇一週以後 （七〇一日〜）	休産鶏が出たら淘汰を励行	次の若メス収容とにらみ合わせ、オール淘汰の時期を決める 卵一個二五円に売れれば三割産卵までは採算線上にあるので、鶏舎さえ許せばその線まで飼っていても損にはならない

第25図　粗飼料育成による体重の推移（濃厚飼料育成との比較）

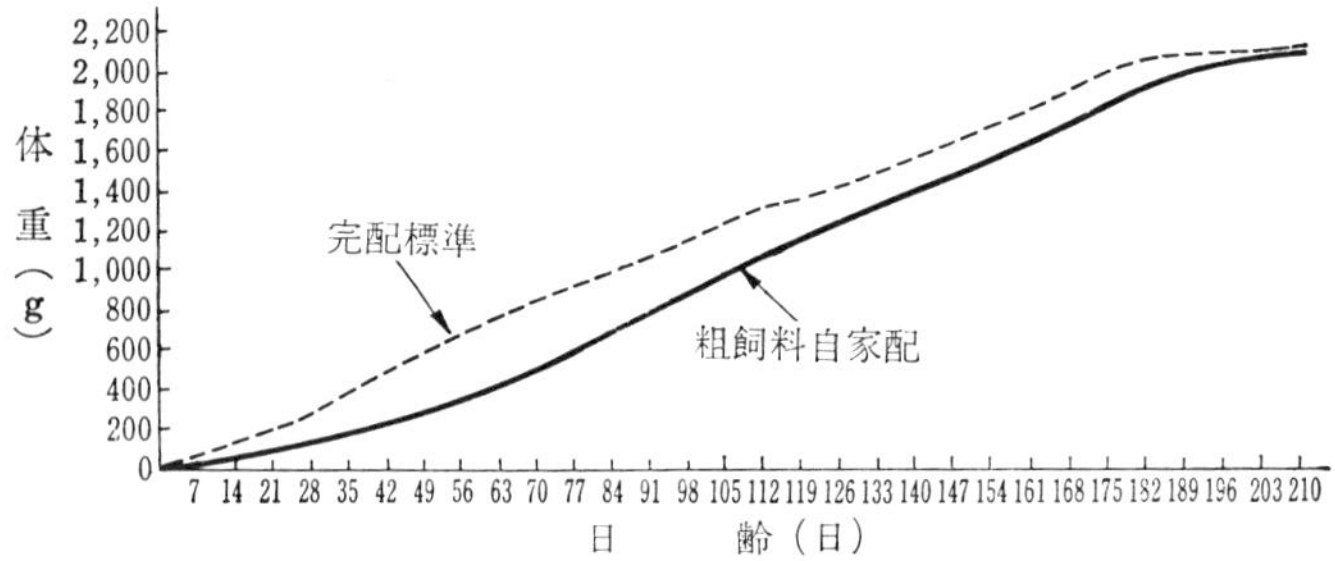

育成の体重は六〇グラムである。ちょっと見た外観ではおおよそ半分の大きさに見える。たとえば三〇日ヒナのとき、それは一五日ヒナの大きさに見えるのである。

だが、初産近くなって急速に食い込みが激しくなり、二一〇〜二二〇日齢で標準体重に追いつく。

(3) エサ切り替えの注意

エサの切り替え(たとえば玄米から自家配へ、育成用から成鶏用へ)、または完配への米ヌカ、ノコクズの増量などは一度に行なわず、四〜五日かけて徐々に行なうのが最良である。ただし、それがめんどうな人は急激に行なっても赤玉鶏ならこれに堪える。

3　初生ビナ

(1)　ヒナの導入

ヒナは定評のある孵卵場に予約注文しておく。鶏の育種は専門的技術を必要とし（産卵能力を問わなければこのかぎりではない）、その交配組合わせは複雑で、かなりの大羽数を必要とするのである。小羽数では近親交配に陥り、劣性遺伝を生じ産卵能力が低下する。まして自家採種、母鶏孵化では到底採算ペースにのせることができない。しかも出てくるヒナの半分はオスであり、その判別も素人《しろうと》では七〇日ぐらいたたぬとはっきりしないので、その間のオスのエサ代がかさむことになる。

ヒナは三〇羽ぐらいまとまらないと、ヒナ輸送箱の保温がうまくゆかないので、一口三〇羽以上で注文する。ただし庭先渡しは小羽数でも受け取ることができる。

ヒナはたいていの場合鉄道扱いで送られてくる。到着日時が前もって連絡されるので、そのときには最《も》寄り駅まで受け取りにゆかねばならない。

ヒナは生まれて四八時間は、エサも水もなしで生きている（実は卵黄の一部を胃の中に蓄えて生まれてくる）ので、その間に輸送される。到着しても四八時間以内ならば、あわててヒナを移したりエサを与えたりしなくてもよい（ヒナは外国へも輸出されているほどである）。育すう箱の準備ができて

第26図①　手製簡易育すう箱（100羽用）

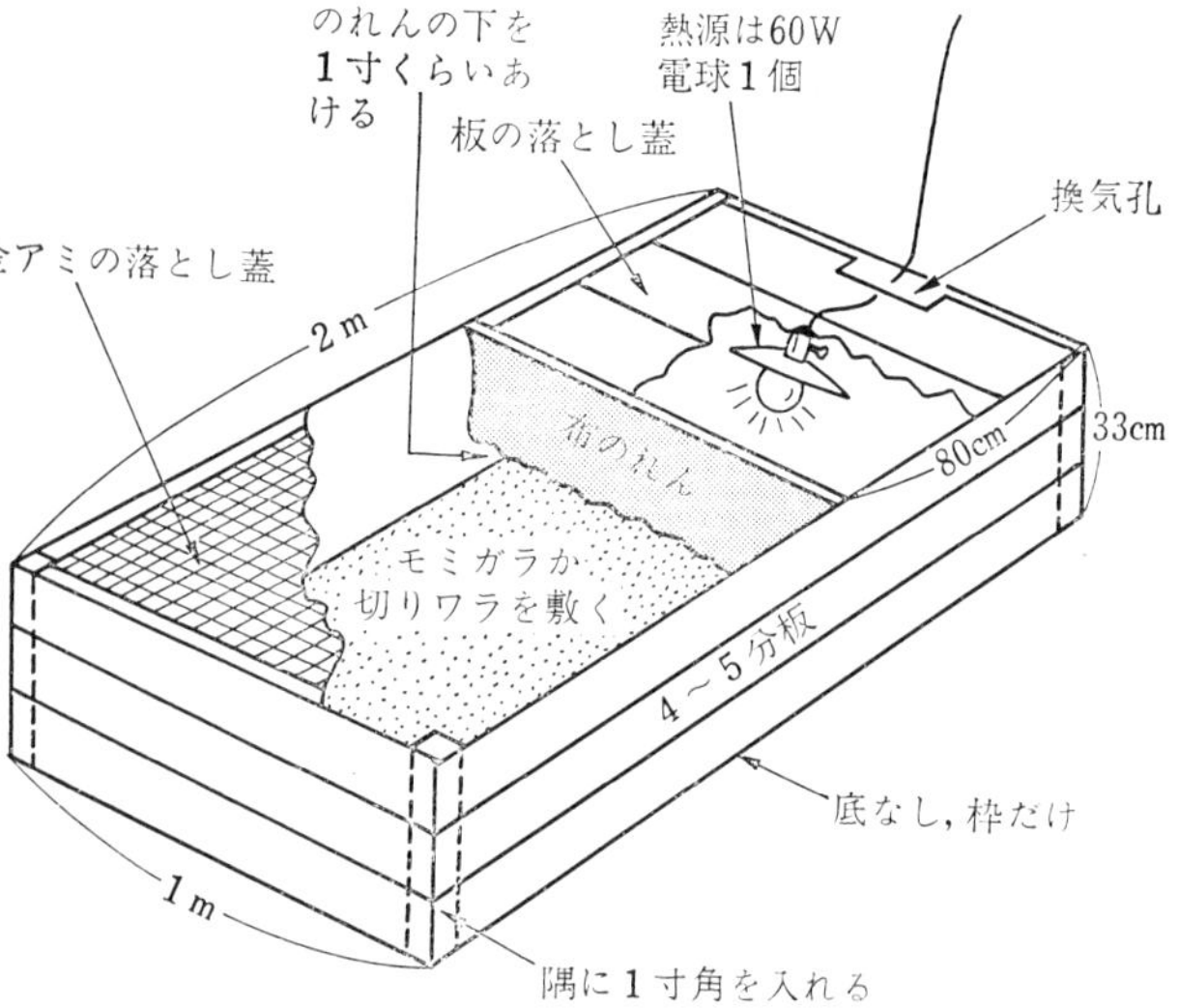

給餌器　アラレやキャンディの入っていたブリキ製のあき箱を利用。糞が入るけれどもさしつかえない

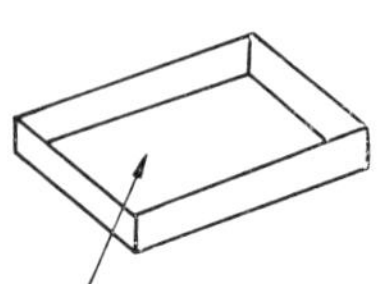
この中へエサをバラまく

飲水器　ミルクあき缶で大気の圧力を利用しヒナが飲んだだけ水が受け皿に出るようにする

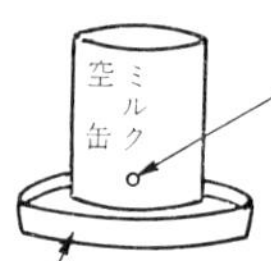
釘で穴をあける。ここから水が出る
受け皿（やや深い皿を用いる。ミルク缶より直径が4cmくらい大きいもの）

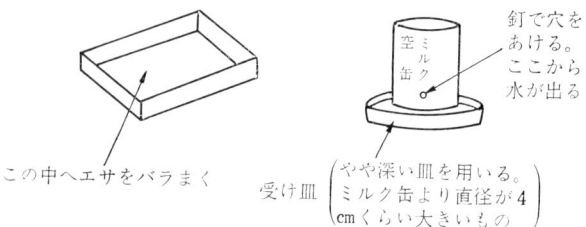

①落とし蓋は野良ネコなどが蓋をずらすのを防ぐため
②電球は60W1個または40W2個でもよい。ヒヨコ用熱電球ならなおさらよい
③布のれんは下方1寸くらいあけてつるす

いなければ、輸送箱に入れたまましばらく土間に置いてもさしつかえない。

(2) 育すう箱の環境調節

第26図② 飲水器（左）と給餌器（右）

育すう箱の構造

近代養鶏では完全な恒温装置のある電熱育すう器や傘型育すう器を用いるが、それはヒナを過保護に育て、軟弱にする役目を果たす。

だから育すう器はあまり完全なものよりも、手製の不完全な、外気の影響をあまりしゃ断しないもののほうが、ヒナを鍛えて丈夫に育てるのに都合がよいのである。適温地帯もあるが寒い所もある、ときには風も吹き込むような育すう箱がよいのである。

それでは手製の簡易育すう箱を第26図によって紹介しよう。

この育すう箱は枠だけで底なしである。その理由は、大地のなかから立ち昇る湿気がヒナに不可欠のものだからである。電熱育すう器や傘型育すう器では、デラックスなわりにどうも湿度の補給ということに難点がある。自然界ではキジや鶏は大地の上に巣づくりをし、地中からの湿度の助けをかりて孵化する。かえってからもヒナたちは、母鶏の腹の下で大地と接触し、その湿気を吸収しながらうまく育つのである。少なくとも最初の一週間、いかなる育すう器といえどもこの大地からの湿度（大地の上にガラス板を置くとたちまち水滴が付着する）と同じ湿度を与える必要がある。

ここに示したのは一〇〇羽用の育すう箱であるが、もし二〇〇〜三〇〇羽を飼うときは同じ一〇〇羽用を二〜三個用意しなければならない。面積を三倍にして三〇〇羽を一群に押し込むのは失敗のもととなる。およそヒナにかぎらず成鶏でも、一群の羽数の最大限度は一〇〇羽までである。

大羽数では管理者の目が届かないし、ヒナ同士の摩擦のため故障が起き、下仔《したご》が生じ、成育が不ぞろいとなる。理想的な一群の羽数は一〇〜一五羽であるが（このことについては「中すう」の項で述べる）、育すう箱と成鶏舎については一〇〇羽ぐらいならなんとか故障なしでやれるので、部屋の利用上やむを得ず一〇〇羽を限度として飼育する。ただし、一〇〇羽用に八〇羽入れておけば申し分ないのである。ウス飼いは成功のもとと知るべし。

ヒナにも大切な空気

育すう箱は寒い季節には（四月まで）毛布、麻袋などで寝室部分（電燈のある部屋）を覆い保温するが、換気を妨げないよう必ず換気孔はあけておく、覆いはヒナの成長と気温に応じてしだいにせばめてゆく。春なら一〇日もずれば、覆いは布のれんとともに全廃する。

ヒナにとっても成鶏と同じくいちばん大切なものは新鮮な空気である。新鮮な空気は、いかなる薬剤よりも予防効果の確かな万病のクスリなのである（夏の給温は、あたためられた空気が上昇し、代わって新鮮な空気が下から入る、という換気が主目的であるので、たとえ暑い日といえども給温用電燈はつけておく。なお、五〜八月の餌付けでは布のれんは換気不良となり不要）。

保温と換気が両立しなくて、密閉しなければどうしても温度が保たれないような厳寒期は、育すうの適期ではないのでそういう季節の餌付けは避けるのが賢明である。

温度の加減

温度の加減は温度計によるよりも、ヒナが牡丹《ぼた》餅を並べたごとく腹と首を床にくっつけて死んだように眠る状態が適温である。寒すぎるとヒナはかたまってピイピイと鳴き、暑すぎると立ち上がって嘴をあけ呼吸を荒くする。

温度計による目安は、電球から一〇センチ離れた床で三〇〜三五度。電球はヒナが立ったとき頭スレスレになる位置につるす。電球に笠をつけると、熱が反射して効果的である。

床にはモミガラか切りワラを三センチの厚さに敷くが、エサ箱や飲水器にモミガラや糞がとび込むので、エサ箱と飲水器を置く場所には、麻袋や莚《むしろ》などを敷くとよい。その位置はのれんを境に五〇センチ、三分の一を寝室、三分の二を運動場に敷き、エサ箱は初めのれんの下、飲水器はその外側に置

第27図　育すう箱内のヒナ

く。日を追ってしだいに寝室から敷物といっしょに遠ざけてゆく。ヒナを鍛えるためエサを食う所は寒いほうがよい。

エサと水は初めから与えておく。玄米または自家配飼料を菓子箱の中へばらまいておく。

育すう箱に入れる期間

育すう箱の用意が整ったらヒナを入れる（育すう箱はくり返し使用しても消毒の必要はない。古い鶏糞で汚れていても大丈夫）。ヒナは必ず数を数えて入れる。おまけヒナが一〇〇羽につき二羽ぐらいあるはずだが、まれに不足していることもある。

育すう箱にヒナを置く期間は、冬期で二〇日間、春秋で二週間、夏で一〇日間を目途とすればよい。ただし気温に応じて伸縮は自在である。

次は幼・中すうバタリーにヒナを移す。

4 幼すう・中すう

(1) バタリーの必要な理由

幼すう、中すう、大すうの区分は、人によってまちまちであり定説はない。私は一応三〇日頃までを幼すう、七〇日頃までを中すう、一八〇日頃までを大すうと区分している。

育すう箱で排温後もヒナを置くと、換気不良や密集の害が現われるので、排温したらすかさず幼・中すうバタリーへ移さねばならない。ただしヒナがかたまってもムレない小羽数ならば、排温してからも育すう箱に置いてさしつかえない。一〇〜一五羽を残して中すうまで飼うことはできよう。

では、なぜヒナにバタリーという不自然な檻《おり》が必要であるか、なぜ大地から離してヒナをスノコの上に上げるのであるか。それは、次のような理由があるからである。

①排温後、ヒナは夜間密集する癖があり、密集すると中へもぐり込んだヒナが空気不足によって弱まり、コクシジウム症という病気におかされる。そこで密集してもムレによる空気不足の起こらないよう、一群の羽数を一〇〜一五羽にする必要がある。それには平飼いでは多大の面積を要し、管理にも労力と時間がかかるので、やむを得ず積み重ねた小区画のバタリーへ入れるのである。また床がスノコであると、汚れた空気が滞留しないことも利点となる。

第28図　幼・中すう屋内四段バタリー

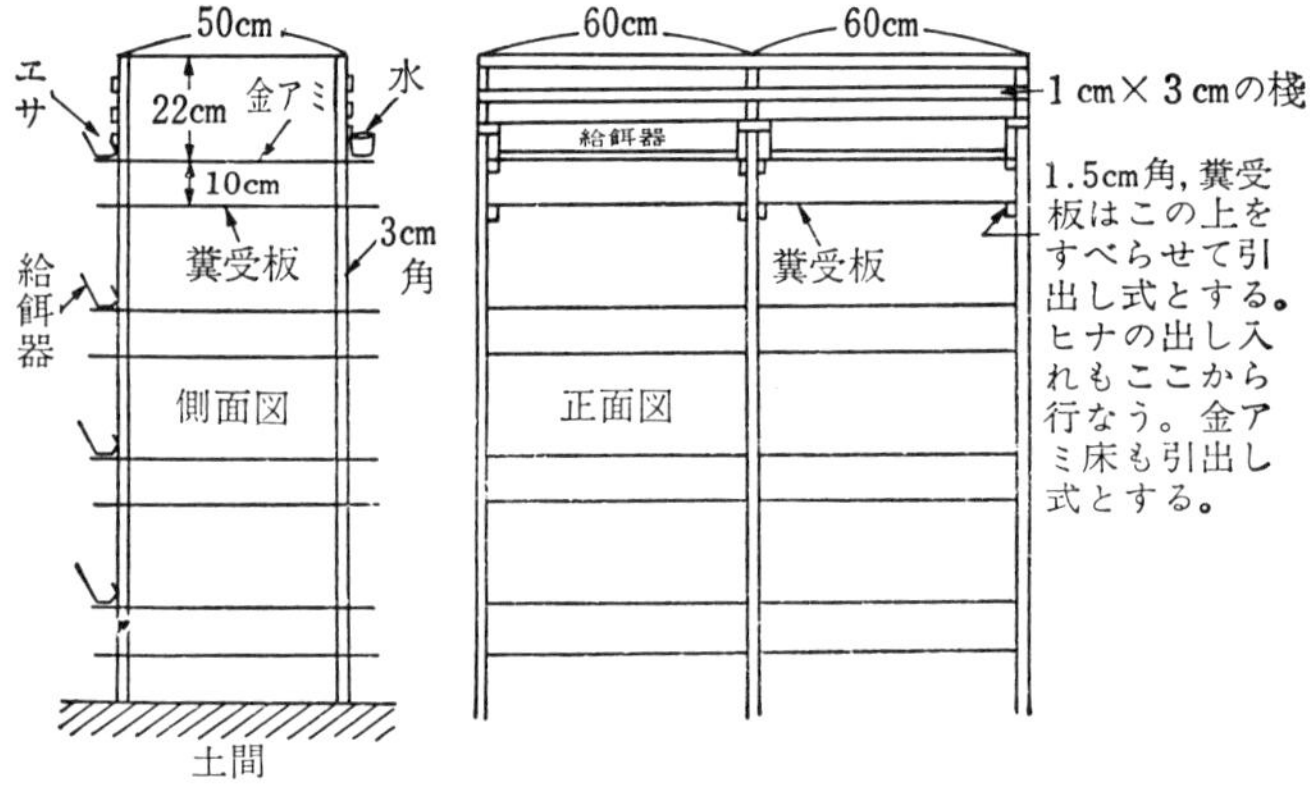

1区画10羽収容，2週間目ころから60日ころまで使用
ヒナは横桟の間から首を出して，エサと水をとる

②一群の羽数が一〇～一五羽を最良とするのは、母鶏孵化の場合母鶏の抱卵能力は一〇～一五個であり、それが一群の限度だからである。それ以上多くなると密集、空気汚染、床の汚れなどの害が重なってくる。一群数百羽という近代育すう施設ははなはだしい無理をおかすため、薬剤の多用を必至としているのである。

③大地からの湿気は、餌付け後一〇日もたてばそれほど必要でなくなる。故に、湿度よりも密集障害の除去が優先するのである（ただし、バタリーを置く床は土間であること）。

(2) バタリーの構造

幼・中すう四段バタリーの設計を第28図に示す。このバタリーは五〇～六〇日頃まで使用し、次は中・大すうバタリーへ移すことになる（バタリーへ入れるときも、育すう箱と同様掃除、消毒は不要。ただしエサ箱と水桶は掃除したほうがよい)。

(3) エサの与え方

このころから給餌回数は朝夕二回にする。一日の食下量のおよそ三分の二を朝に、三分の一を夕方給与する。給餌のとき前回のエサが残っていない(多分三時間ぐらい前からエサ箱がからになっている)、その程度の量が給与量である。もし前回のエサが残っているときは、一回給餌をやめるかあるいは給餌量を減らす。

(4) ヒナを移動するときの注意

育すう箱から幼・中すうバタリーへ、幼・中すうバタリーから中・大すうバタリーへヒナを移動するときは、大きいヒナと小さいヒナを区分して入れる。これを混同すると小さいヒナはいつも押されて、ますます成育が不ぞろいとなる。

5 中すう・大すう

(1) バタリーの構造

中・大すうバタリーは一区画の広さを、奥行一メートル、間口二・五メートルくらいとし(材料の都合で三尺×六尺でもよい。高さは一応五〇センチとしたが、管理者の背丈に合わせて調節する)、

第29図　中・大すう屋内二段バタリー

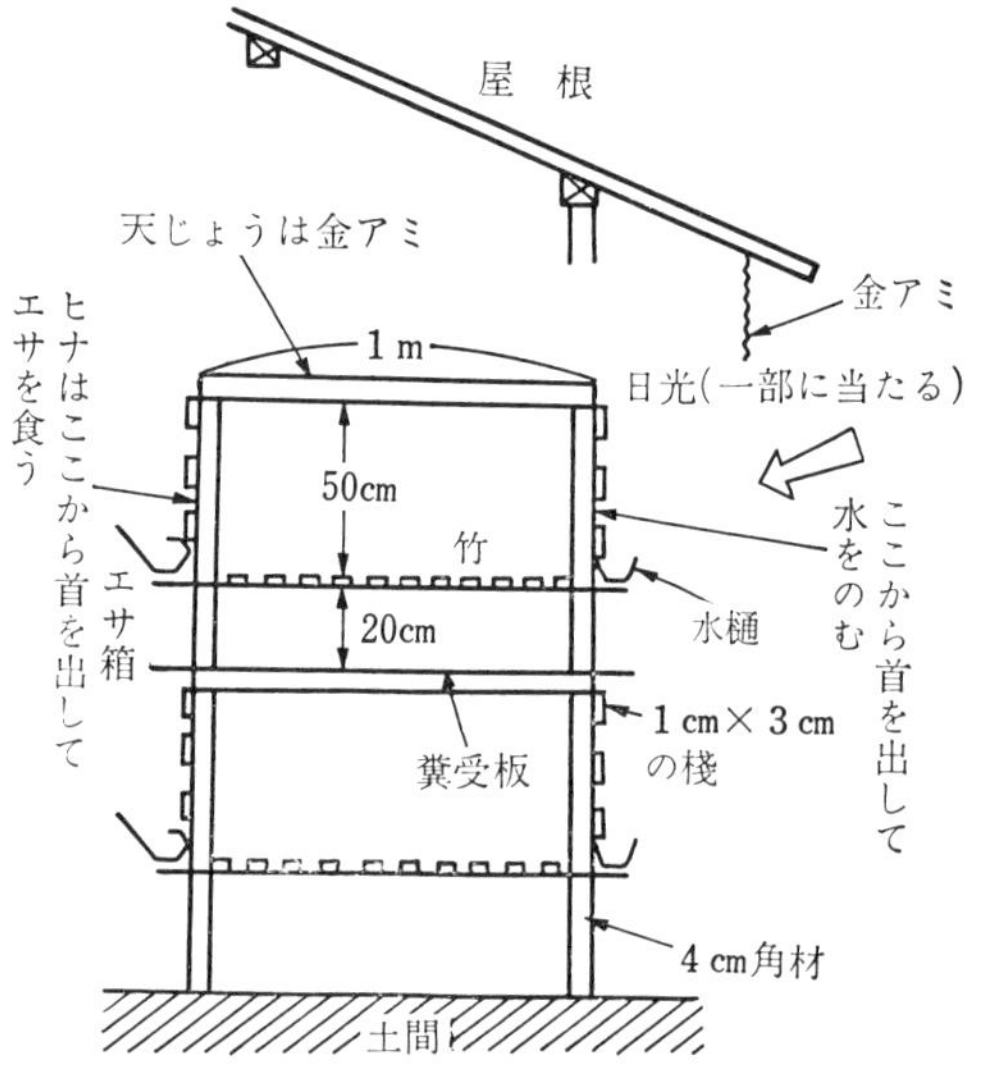

注）ヒナの出し入れは横桟を差し込み，または蝶番開閉にして行なう。
1区画奥行1m，間口2.5m，これを連続して設置。
1区画10～15羽収容，60～120日の間使用。

そこに一〇～一五羽収容する(三尺×六尺では一〇羽以内)。二段または三段バタリーとする。二段バタリーの設計は第29図のとおり。

屋内バタリーであるが、日光は朝日か夕日のいずれかが射し込むよう、南北に並列してつくるとよい。床は幼・中すうバタリーと同様コンクリートにせず土間であること。

このバタリーの飼育期間は一二〇日ぐらいまでを目途とするが、成鶏舎が満杯で移せないときは、一五〇日頃までバタリーに置いてもよい。

第30図　バタリーでのエサ給与

(2) エサの与え方

七〇日齢頃（中すうから大すうへの境目）から急に食欲が旺盛になるので、そのときはエサの増量を忘れてはならない。切り餌といっても、エサが何時間で切れるかが問題で、給与してたちまち切れてしまうようでは不足している証拠である。次のエサを与える三時間ぐらい前に食いつくしているのがよいのである。

また一七〇〜一八〇日頃（大すうから成鶏への境目）に再び急に食下量が多くなる時期に出会う。これは産卵期を控えて体力の充実をはかるためである。機を失せず食下量のふえただけ増量しなければならない。

緑餌は幼すうから与えるが、カッターで切断してエサの上へバラまいて与える。手間のある人は、刈り取ったのを結わえて天井からつり下げておくと、ヒナはこれをつついて食う。緑餌は労力と材料の許すかぎりたくさん与えたほうがよい。飽食させると全エサに対して一〇%ぐらい食べる（第10表では五・八%となっている。労力的に許されぬ場合はこの程度で我慢しよう。緑餌と他のエサとの兼ね合いは、エサ全体の食下量で調整する。すなわち緑餌をたくさん与えたときは、その割合だけ他のエサ全体の量を減らす）。

6 大すう・初産鶏

(1) 成鶏舎へ移動後の心得

一二〇日齢頃成鶏舎へ移すが、この頃はまだ大すう期であるから、鶏舎のほかはすべて成鶏としての管理は行なわない。実は一二〇日よりもっと早く成鶏舎へ入れたほうがよいが、一二〇日以前では止まり木へ止まらず（ただしこれは赤玉鶏の場合で、白レグではもっと早く止まる）、密集するクセがぬけていないので、思わぬ失敗を招くおそれがある。一二〇日齢をすぎると、成鶏舎への移動第一夜で三分の二は止まり木へ上がり、二〜三日すればほとんどの鶏がうまく止まり木へ止まるからである。なぜ一二〇日齢をすぎなければ止まり木へ上がらないかは、鶏に聞かないとわからない。

多くの種鶏場では初めから成鶏舎でヒナを傘型育すう器で育て、終始移動は行なわずそのまま育成してゆく方式を採っているが、それでも赤玉鶏では五〇日以降一二〇日頃までの密集には手を焼き、これを止まり木へ上げるため毎夕たいへんな訓練をくり返しているのである。片隅に密集したヒナを止まり木のほうへ追い散らしても、やがてまたヒナは闇の中でおびえながら片隅へ集まってゆくのである。一二〇日以前では教えても教えてもヒナはと止り木を覚えてくれないのである。

一群五〇羽以上一〇〇羽の場合、止まり木へ上がらなければムレと空気不足のためコクシジウム症への抵抗力を失う危険がある。また鶏舎の片隅に寝るま外敵に襲われたりする。平飼い鶏舎で止まり木へ寝ることは故障防止の第一課である。

鶏舎に備え付けの産卵箱は、産み出すまで入り口に細い桟《さん》を打ちつけ閉じておく。産卵箱に入って寝る癖をつけるとなかなか直らず、寝糞が卵を汚すこととなる。

第31図　緑餌はカッターで切る

(2)　エサの与え方

バタリーのヒナを土間におろすと、土（または糞）を食うので、しばらくの間

第32図　180日齢の鶏

それまでより食下量が減少するのが通例であるが、病気ではないから心配はいらない。やがて四〜五日もすれば食欲は元へ戻る。

緑餌はバタリーのときは細切してエサの上へまいて与えていたが、土間へおろしてからは刈り取ったのをそのまま放り込んで鶏につつかせるくせをつけたほうがよい。緑餌のみならずクズイモ、野菜クズ、くだものの皮（農薬に注意）、カボチャ、トウモロコシの房、茶がら、残飯などなんでも放り込んでつつかせる。

(3) 初産の遅れ

一八〇日齢頃から体軀が充実してきて、やがて第一卵をみるようになる。産卵箱を閉じた桟ははず

第33図 産 卵 箱

第34図 7月（上旬）餌付けヒナの生存と産卵の推移

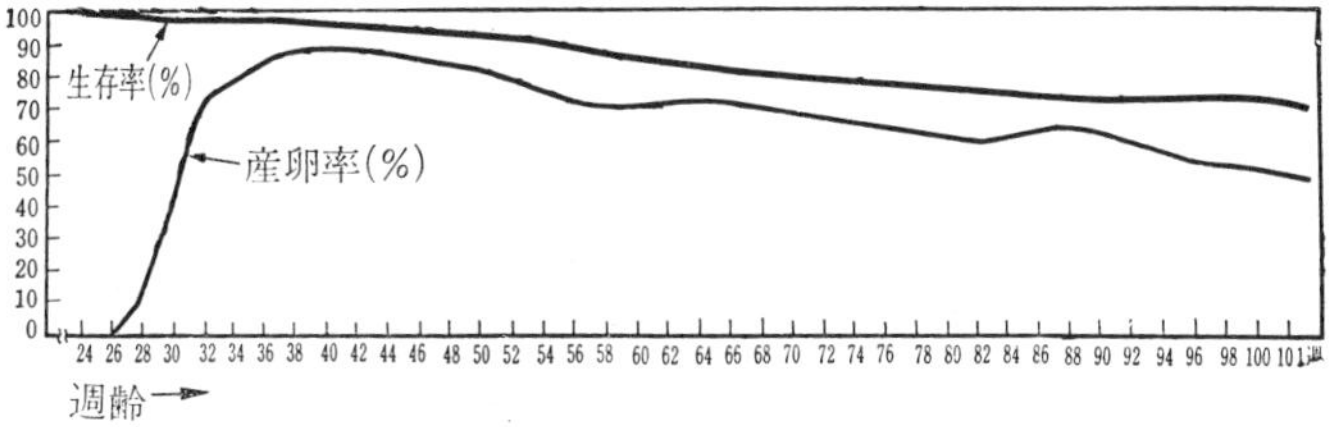

しておく。鶏は狭い所で産む習癖があるので、訓練しなくても九九％は箱の中で産む。体重がふえながら卵を産み始めるので、二〇〇日前後に生涯最高の食欲を示す。給餌量不足とならないよう、あまり早くエサ箱がからにならないよう注意する。一八〇日頃、育成飼料から徐々に成鶏飼料に切り替える。

このようにして幼すう時から粗飼料、薄《うす》飼いで外気にさらして育てると、初産は標準（近代養鶏の平均）より四〇日ほど遅れるようになる。企業養鶏では一七〇日頃五割産卵に達するが、この育成法では五割産卵は二二〇日前後となる。そして産卵ピークは二七〇日前後となり、七〇〇日頃まで大半が無換羽で産み続ける（第34図参照）。また、一年産ませて強制換羽にかければ、鶏は若返り、若メスのような産卵を再開する（「強制換羽」の項参照）。

晩秋から早春へかけての餌付けは、粗飼料、スパルタ育成でもかなり早産となるおそれがあるので、その場合は絶食によって抑制するとよい。一八〇日以前で毎日五～六％卵を産むようになったとき、約一週間の断食給水を行なう。給餌再開は後述の「強制換羽」の項に準じて行なう。ただしエサは再び育成用自家配へ戻る。こうすると約三〇日くらいの延期が可能である。

七、「自然卵」の上手な産ませ方

1　初産延期の重要性

(1)　初産は遅いほどよい

企業化されてからの養鶏はとみにセチ辛くなり、卵をなるべく早くから産ませて、速やかに育成費を回収しようという傾向が強くなった。それに合わせて育種も早産の白レグをさらに早期多産するように改良し、エサもヒナが早く成長し性成熟が進むように配合されてきた。

鶏の初産日齢はこの三〇年間にどんどん早まって、いまや五割産卵は一七〇日、産卵ピークは二〇〇日に縮まってきている。ちなみに三〇年前までは（卵用種春ビナで）五割産卵は二〇〇日、産卵ピークは二三〇日ぐらいであった。しかも当時の養鶏雑誌をひもといてみると、「初産の延期」という技術テーマがしばしば登場しているのである。すなわち、現在より一ヵ月も遅い二〇〇日の五割産卵でもまだ早すぎるというのである。初産は遅ければ遅いほどよいという考え方が、当時は支配的であったと思われる。「八月の青田と大すうをほめられたらよい実りは得られない」と、当時の雑誌は書いている。

まるで夢のような、悠長な、そして牧歌的な（さらには古くていまでは役立たぬ）考え方がまかり通っていた時代である。

だが私は思う。このままで正反対の考え方が果たして「いまでは古くて役立たぬ」考え方であるのかどうか。法則は永遠に不変であるべきなので、いまから三〇年前の「初産は遅いほどよい」という養鶏の法則は、いまも依然として不変でなければならないはずである。

(2) 早期初産の危険性

人間の子供もいまでは人工ミルクに始まって、昔の正月、祭でも食えなかったような高タンパク・高カロリーの栄養食を常時ふんだんに与えられ、「スクスクと肥大成長」してゆくので、性成熟がどんどん進み、小学校四、五年でほとんどの女生徒に初潮がみられるという（昔は六年生でも見られなかったのである）。すなわち、小学校四年生でもう妊娠の可能性があるのである。だが、四年生で結婚して子供を産むような例は皆無である。

産もうと思えば産めるのだが、誰もそうしないのは早産が「害」があるとみんな思っているからに違いない。せめて一七、八にならなければ、子供を産んでは身体のためにも、出てくる子供のためにもよい結果とならない、ということを知っているからであろう。

ところが、鶏の場合は「そこのところで」卵を産ませてしまうのである。一七〇日（小学校四年生）から連続して子供を産ませてゆくのであるから、これが鶏体にも卵質にも悪影響のあることは、人間の場合に照合しても明らかなことといわねばならない。

事実、まだ体軀の充実せぬうちに卵を産ませると（ヒヨコの主翼羽を二〜三枚も残して初産に入ること。ヒヨコの主翼羽は先がとがっているし、成鶏のそれは先がまるい。ほんとうはこれが全部換羽してから初産に入るべきである）、鶏は体力を消耗し経済寿命が短くなるし（もっとも短期決戦を主とする企業養鶏では、そんなことには頓着する必要がないかもしれぬ）、抗病力も弱まってくるのである（企業養鶏では薬剤さえあればこれも意に介するにはあたらないだろう）。

(3) 私の座右の銘

急いては事を仕損ずる。ゆっくり煙草でもくわえて初産の遅れるのを待ってはどんなものか。かつて私たちが、まだ種鶏飼育をしていたころ、ほかの人の鶏がとっくに産み出したのに、ある先輩の鶏はなかなか産み出さないので、人々が心配して「〇〇さん、この若メスにはいったいいつ産ませるつもりですか」というと、答えて曰く、「そのうち産みだすがや」（産みだすがや、は岐阜地方の言葉。

産みだしますよ、というような意）——言やよし。私はいまもこの「そのうち産み出すがや」という言葉を養鶏における座右の銘としているのである。

企業養鶏にはこんな言葉はない。そんな悠長なことを言っていたら、即座にぶっつぶれてしまうと彼らはおそれているのである。今日ダメなものを明日まで待つことは許されない。今日儲からぬものは今日中に処置してゆく。これが企業養鶏の本領である。

だが今日ダメなものを今日中に始末して、それで能事《のうじ》終われりと思っていたらとんでもないことである。たとえその日はうまく乗り切ったとしても、実はその場しのぎの対応であるにすぎなくて、長い目でみればそのこと自身がなんらかの報いを受けなければならない宿命を背負っているのである。すなわち、そのようなセチ辛い効率追求の果ての生産向上がなにをもたらすのかというと、それは言わずと知れた過剰生産であり、泥沼不況である。たくさん産めば産むほど、そしてよく働けば働くほど損になるというバカバカしい事態は、実はこの性急な効率の追求に対する「代償」にほかならない。

(4)　「代償産卵」の法則

およそ代償のない一方的行為は存在しないのである　宗教的には因果応報という考え方があるが、物理的にも作用と反作用の法則があり、引力と遠心力との相反するつり合いが天体を支えている。慣性と摩擦との関係もこれに類する。法律的には罪と罰、裁判所と刑務所とは「うまくせしめて一方通行しよう」とする者に対する代償支払いの場にほかならない。宝くじで当てた幸運といえども、そのお返しはなんらかの形で支払わされる。近隣知己の妬《ねた》み、それを吸い上げようとする利権者、そしてなににもまして自らのギャンブル癖や怠惰癖（あるいは酒と女）への堕落がある。三億円をまんまと盗んでも、あとには戦々恐々《せんせんきょうきょう》たる逃避行が続くのである。

収賄《わい》で五億円をせしめた政治家も、そのまま一方通行は許されず、社会の糾弾をうけて国民の前に恥をさらし、たまたま発覚をまぬかれた大物といえども、日夜悪事を隠ぺいするのにきゅうきゅうとしなければならない。

行けば戻らねばならず、食えば出さねばならない。楽をしてうまいものを食っていれば、栄養過剰となり肥満体となり成人病となるのである。かくてすべての現象は代償とともに存在するのである。どうしてひとり養鶏のみが「代償の論理」から逸脱することを許されようか。

初めにたくさん産めばその反動として必ず産み疲れがやってくる。初め産まなければそのお返しとして必ずあとから多産をする。これを三〇年前の養鶏では「代償産卵」と名づけたのであった。この代償産卵の法則を応用したのが「強制換羽」である。鶏に絶食させ、ある期間休産換羽させると、そのお返しとしてあとから爆発的に産み出すというやり方である（その方法は後述）。

「そのうち産み出すがや」この言葉は代償の論理をたった一言で完全に言いつくしていると思うが

いかがだろう。

(5) 初産延期の工夫

私はつい先ごろまで「初産の延期」を「早産の防止」という言葉で表わしてきた。同じことのようであるが、内容は少し違うのである。「初産の延期」というのは、標準産卵時期（元来の）をもっと遅らせるということであり、「早産の防止」というのは、標準産卵時期がいまははるかに早まっているので、それをせめて元の標準に戻そうということなのである。昔は初産の延期が目的であったが、いまやせめて早産の防止が焦眉《び》の急であるというわけで、私は「早産の防止」という表現をしてきたのである。

ところが、また最近になって私はこの考えをひるがえし、昔のように「初産の延期」という表現に改めることにした。それはやはり早産を標準初産日齢へ戻しただけでは足りない、さらにそれをもっと抑制する必要があると痛感したからであり、またそれが経験的に可能であるという見きわめがついたからである。くわしくは「育成」の項で述べたが、要するに粗飼料育成で外気にさらし、よく運動させて育てると、現在の鶏（兼用種）でも初産は標準の二〇〇日を飛びこえて、一挙に二一〇～二二〇日とすることができるのである（第35図参照）。

第35図において、九月発生ヒナがやや初産が早まっているが、これは日照時間の故である。中・大

第35図　初産延期の具体例

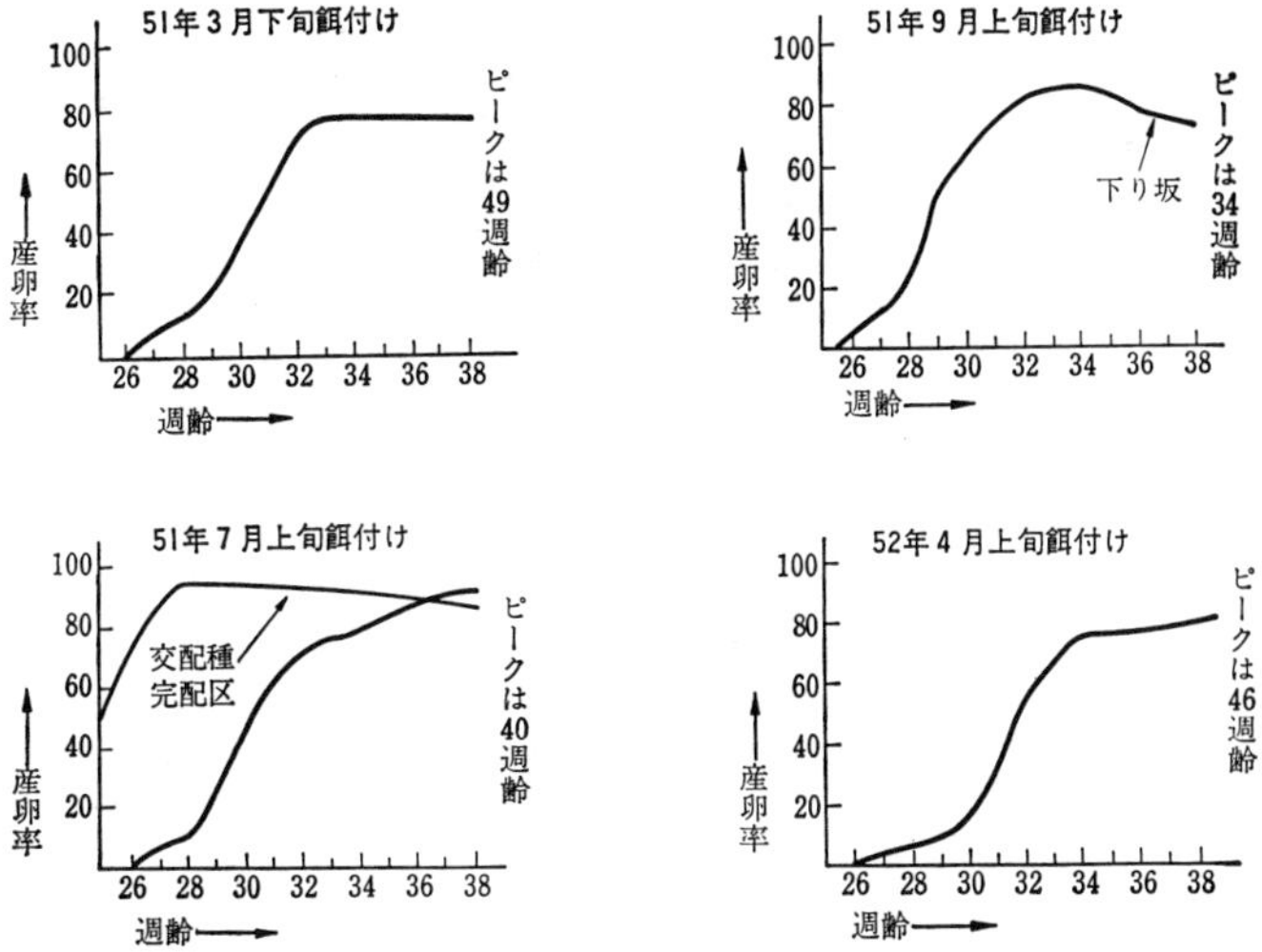

ヒナは日長時期に育てると成熟が促進され、日短時期に育てると成熟が抑制される。だから自然光線で育成するときは、中・大ヒナ時期の半分以上が日短時期であることが望ましい。九月ヒナは、十二月までの三ヵ月間は日短であるが、大ヒナとなった一月から日長に転ずるので、どうしても成熟が進むきらいがある。三月ヒナは、六月までの三ヵ月間日長であるが、大ヒナとなった七月から日短に転ずるので、成熟は遅れる。

この意味からいうと五〜七月餌付けのヒナが最も望ましいということになる。育成のほぼ全期間が日短時期にわたっているからである。事実五〜七月のヒナが鶏一代を通じ、他の季節のヒナと比べていちばん多く稼ぐのであるが、それは初産抑制効果が大であったことの代償である。

九月から二月までのヒナは、中・大ヒナ時期の大半が日長時期となるので、成熟が進み、初産が早まり、梅干しのような卵を最初多く産むが、やがて産み疲れて産卵曲線が低下する傾向がある。だから育成の適期は三月から八月まで、最適期は五月下旬から七月上旬ということになる。九月から二月まではずしたほうが賢明である（ただし自然光線育成）。

前述した「育成」の項と重複するが、問題をわかりやすくするために、多少は同じことをくり返すことがあるので、ご了承を乞《こ》う。

2 「腹八分産卵」の提唱

(1) 「腹八分産卵」こそ鶏を生かす

気違いじみたことをいうようだが、鶏には能力いっぱい産ませないほうがよい。少し余力を残して産むということが、鶏の健康のためにも、産卵持久力を保持するためにも、また卵質を落とさないためにも必要なのである。

生産性の追求——およそ養鶏を行なう者にとって、これは至上命令みたいなものであった（利潤の追求が経済の至上命令であると同様に）。いかに卵を多く産ませるか、ということは養鶏技術の最大眼目であった。そのことのためにのみ人々はきゅうきゅうとして研鑽《さん》を積み、鋭意努力を払ってきたのであった。誰もこの行為に疑いをはさむ者はなかったのである。「たくさん獲ろう」というのは人々の合言葉であったのである。

だが実はこの「生産性の追求」が、養鶏の反自然化、近代化、システム化、企業化、大型化、工業化への道をまい進することにつながったのである。そしてそれは、疑いなく生産過剰と泥沼不況と薬づけ養鶏とを招来したのであった。

私は（前にも述べたごとく）あえてこのことを打ち破らねばならないと思うのである。あえて労力をかけて少なくとろうということに挑戦しようではないか。そのために鶏からあまりたくさん搾り取ることはやめようではないか、ということを提唱するのである。卵質のよさを認めて卵を高く買ってさえもらえば、そんなに搾り取らなくても採算はとれるはずである。

昔の地玉子はたしかにうまかった。それはもちろん卵をめったに食べさせてもらえず、渇望して食べたからおいしかった、ということであろうが、そのほかにも昔の地鶏は卵をたくさん産まなかったということも起因していると思われる。

産卵の間隔が長く、体力を充実してから産む卵は、内容も充実していておいしいのである。機関銃のごとく連産すると、内容を充実するいとまもないので、どうしても黄味の盛り上がりや白味の粘度が低くなる。したがって味もコクがなくて水っぽいということになる（もちろん原因はそれだけでな

第36図　「腹八分産卵」でそろった卵

第37図　産卵状態の記録

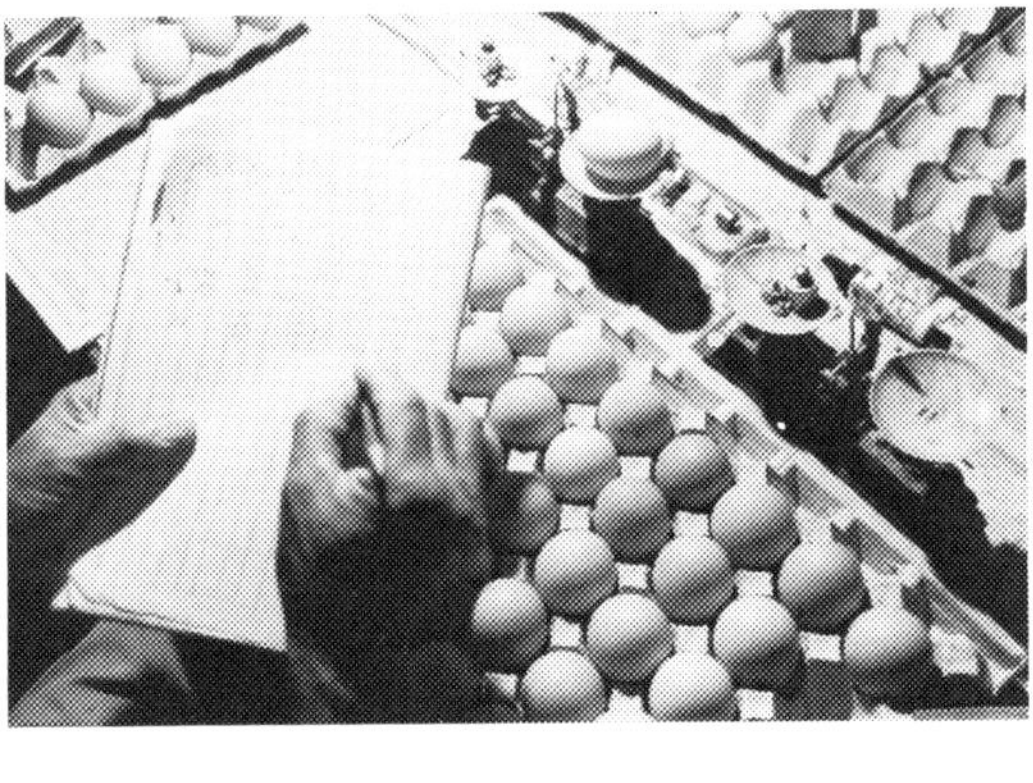

く、他の条件にも左右されるが——）。初産の卵（第一卵）が身体に利くと昔から言われているのは、充分体力を蓄えてきた挙句《あげく》の第一卵なので、内容が充実しているからである。産卵速度は遅ければ遅いほど（あるいは産卵間隔は長ければ長いほど）卵質はよくなる——これは自然界の法則である。

能力いっぱいに産ませない。その産卵推移を第15図（一一八ページ）によって、現代の最高水準をゆく多産記録と比較していただきたい。このように「腹八分産卵」をさせると、鶏の残存率がよく、「よい卵」を長期間産むという結果になる。

(2) 産卵抑制の方法

それではいかにして産卵を抑制するのか。まずは粗飼料である。ことに魚粉を少なくする（第7表参照）。動物タンパクを強制多食させると産卵が多くなることは周知の事実であり、動物タンパクは生産飼料といわれるゆえんである。完配には私たち自家配の三～四倍の動物タンパクが入っているはずである。

そして過保護にしないことである。外気にさらし暑さ寒さから保護せず、大地の上でよく運動させると、産卵間隔は長くなる傾向がある。だからこそ効率追求のため、ケージの中に閉じ込める方式が発展してきたのであった。

さらには薬剤、添加物を使用しないことである。薬剤や添加物の中には成長促進のための抗生物質や人造ホルモンがある。産卵促進については実用化されているかどうか詳《つまび》らかでないが、六時間ごとに一個産ませるホルモン注射の可能性もあるという（『アニマル・マシーン』、一〇八ページ所載）。

人間でも五つ児が生まれるぐらいだから、鶏にもおそらくそれは実現するであろう。水音の刺激で一日二卵産ませる研究も日本で真剣に検討されたことがある。経済的欲望のゆきつく果ては、えてしてかくのごときである。成長促進、早期多産は、経済的効率の面からは歓迎すべきことであるが、卵質の面からいえばあまり歓迎すべきことではない。しかも合成ホルモン剤は卵肉を介して、人間に対する発ガン性のおそれもあるというから、そういう危険を冒してまで生産効率を急ぐことはあるまいと思うのである。

3 点燈の必要性

(1) 日照時間と点燈

日が短くなると、鶏は自然と産卵を少なくして換羽に入るものである。それを防いで秋から冬にかけて産卵を持続させていくには、点燈して日照時間を延ばす必要がある。点燈については「反自然」と「反省エネ」という立場からいえば好ましくないのであるが、養鶏だとか栽培だとかいうこと自体、すでにある程度の人工と反自然の状態であるから、点燈だけを疎外してみても始まらないと思うのである。

ほんとうに自然であるためには、野鳥の卵を探して食うか、山菜や木の実、ヤマイモなどを採って食うかするよりしかたないので、米やキャベツや鶏卵を食うのは「反自然」なのである。かといって、近代養鶏や近代農業のようにいちじるしい人工コントロールがよくないのは、すでにくり返し述べてきたとおりである。

ではいったい、どこでその折り合いをつけ、どの程度で人工を許容すべきか。私は「農薬や動物医薬品、飼料添加剤などを用いなくても飼養または栽培できる範囲内の人工はさしつかえない」ということにしているのである。私がこれまで「できるかぎり大自然の恩恵に浴す養鶏法」という表現をとってきたのはこの理由による。

点燈は汚染と直接関係ないので（火力発電や原子力発電を考えると汚染につながるけれど……）、私は日照時間（一日の明るい時間のこと）が一日一五時間を切ると点燈することにしている。日が短くなり始めたときいつまでも無点燈でいると、鶏は敏感に秋を感じて減産態勢に入る。

「そのうち産みだすがや」の論理でゆけば、秋から冬にかけては鶏に休養を与えるのが本旨であるが、「経済寿命」を勘案すると、強制換羽にかけてもわずか二年の間の勝負なので、（いささか企業的な考え方であるが）その期間になるべく多く生ませることが必要であり、強制換羽にかけなければ点燈して産卵を持続させたほうが得策である。

(2)　点燈のやり方

一室一〇〇羽で三〇ワット二個、または六〇ワット一個の裸電球を止まり木の上部にともす。このとき電球に笠をつけると光の効果が高くなる。電球の高さは床から六尺（約一・八メートル）がよい。あまり高くすると光度が落ちるし、低すぎると鶏や管理者が電球にぶつかり、電球の寿命を短くする。

一室五〇羽では四〇ワット一個、一室三〇羽では三〇ワット一個を基準とする。

明るい時間が一五時間を切り始めるのは、私どもの地方では七月十日頃である。七月十日になったら朝四時点燈、四時一五分消燈、夕方六時四五分点燈、七時消燈。この点滅はタイムスイッチで行なう。七月十日では電燈がついていても戸外はまだ明るいが、機を逸すると鶏に秋を感じさせることになるので、反省エネのそしりはあっても、しばらくの間むだを承知で点燈する。日がだんだん短くなってゆくに従い、点燈時間を延ばしてゆく。一カ月に二回ぐらいタイムスイッチの目盛り針をセットし直し、一五分ずつ延ばす（タイムスイッチの目盛り針の作動時間は最小限一五分単位となっているので念のため）。冬至をすぎると、今度は逆に一五分ずつ点燈時間を縮めてゆくことになる。そして五月いっぱいまで点燈し、六月に入ったら全廃する。

そこで点燈は全鶏群いっせいに行なうか、というとそうではなく、第13表の区分に従い実施するとよい。

この表で、昨年の春ヒナと夏ヒナの強制換羽・産卵再開後、および本年夏ヒナの産卵開始後はともに無点燈とあるのは、いずれも産卵とともに日長となるので、翌年七月に日短となり始めるまで点燈

第13表　点燈区分表

鶏齢別	点燈期間	摘要
一昨年の春ヒナ 3～5月発生	7月10日よりオール淘汰まで	昨年10月強制換羽実施ずみ
一昨年の夏ヒナ 6～8月発生	7月10日よりオール淘汰まで	昨年12月強制換羽実施ずみ
昨年の春ヒナ 3～5月発生	7月10日より強制換羽までおよび強制換羽完了（羽毛脱落）より翌年5月まで	強制換羽にかけないときはオール淘汰まで
昨年の夏ヒナ 6～8月発生	7月10日より強制換羽まで強制換羽後は翌年7月10日まで無点燈	強制換羽にかけないときはオール淘汰まで
本年の春ヒナ 3～5月発生	5割産卵になったら点燈開始。翌年の5月末まで点燈	
本年の夏ヒナ 6～8月発生	5割産卵になっても無点燈翌年7月10日より点燈——強制換羽まで	

はいらないからである。

(3)　点燈の注意

①停電があるとタイムスイッチも止まるので、停電がすんだらその時間だけ手回しで進めておく。

②電球が切れることがある。ときどき夕方巡回して点燈の有無を確かめておく。

③点燈は鶏舎を明るくして鶏がエサを食べられるようにするから効果がある、と思っている人がいる。それも一理あるが、しかし実は光が脳下垂体を刺激しそれが生殖ホルモンの分泌を促すから産卵効果があると言われている。だから電燈がついたときに必ずしもエサがなければならぬということはない。

4　強制換羽と鶏の若返り

(1)　平飼いのままで強制換羽

この養鶏法では、初産開始後一八ヵ月採卵してオールアウトにする方法をとってもよいが、一ヵ年産んだところであともう一年産ませようという経営方針の人は、ここで強制換羽にかけるとよい。そうでなければあと六ヵ月以上使うことはできないし、なによりも見てくれの卵質がわるくなってくるので、ここで惜しいけれども強制換羽（絶食・換羽・産卵中止）にかける。見てくれとは、たとえば奇形卵、卵殻不良卵、卵殻色不調卵が多発し、その上、卵が大きくなりすぎて売りにくくなる（七〇グラム以上になるとあまり歓迎されない傾向がある）。

強制換羽にかけると、これらの不良卵は面目を一新して、あたかも若メスのような卵質となる。産卵数も若メスに近い数になる。

もともと強制換羽という技術は、種鶏に応用された技術であり、あまり採卵には利用されなかったが、いまでは右のような効果のために、採卵にもボツボツ利用され始めた。種鶏に応用したのは、よい卵からよいヒナを得るためと、昔はヒナの需要が春季に集中したため、そのときにそろえて産ませる必要からであった。

強制換羽は従来、平飼いのまま行なうのは無理であるとされていた。それは絶食中空腹となった鶏が、平飼い床からエサのこぼれや鶏糞を拾って食い、そのため換羽効果がうすれるという理由からである。ところが実験してみると、鶏はそんなに鶏糞など食わないし、エサもそんなにこぼれてはいないので、一日か二日絶食期間を多くすれば、なんら支障なく効果を現わすのである。

(2) 強制換羽のすすめ方

エサは突然切ってよい。水は与えておく。晩夏から秋へかけては一週間～一〇日間ぐらい絶食し、晩冬から春へかけては、もう三、四日多くしないとうまくゆかないようである（厳冬期、盛夏期ははずしたほうがよいと思う）。だが春は多産期なので、三、四日絶食期間を延ばしても、産卵は休むが換羽にまでは至らない鶏も出てくるのである。この場合は「強制換羽」はあきらめて、「強制絶食」または「強制休産」という段階で我慢することにしよう。そういう

第38図 強制換羽中の鶏舎

鶏は餌付けを再開すると一〇〜二〇日でまた産み出すが、しかし卵質はいちじるしく改善され、産卵傾向も強制換羽にかかった鶏に近い経緯をたどるのである。もちろん換羽にかからなかった鶏も、換羽にかかった鶏と同一の部屋で、同一の管理を行なってさしつかえない（もっとも、三〜七月餌付けでは、春に強制換羽にかけるグループはないわけだから、以上のことは念頭におく必要はない）。

換羽効果がいちばん高いのは秋であるから、三〜五月餌付けのヒナを翌年の九〜十月に、六〜七月餌付けのヒナを翌年の十一〜十二月中に行なうとよい。

絶食を始めるとき、すでに自然換羽にかかっている鶏もいっしょに絶食に入ることになるが、できれば別飼いにして絶食期間を少し縮めたほうがよい。また絶食中、他の鶏についてゆけない鶏（絶食開始時、体重が軽かったもの）が、ときには死亡することもあり得るが、そのため全体の絶食期間をゆるめてはならない。心を鬼にして断じて行なうべきである（体重の軽いものは、自然換羽のものと同様、別飼いするとよい）。

鶏群の移動合併は、なるべくなら強制換羽にかけるとき行なうのがよい。それがストレスとなってさらに換羽効果を高めるからである。

(3) 絶食後のエサの与え方

絶食が終わったら餌付けを行なうが、それは第14表のような給与計画に準拠して行なう。初めから

第14表 強制換羽・絶食後の餌付け計画

材料＼日次	1日の1羽当たり給与量（g）						
	第1日	第2日	第3日	第4日	第5日	第6日	第7日
黄色トウモロコシ,大麦,シイナ			10	20	30	40	産卵用自家配（カキガラを除く）腹八分給与
米ヌカ	30	30	30	30	25	25	
ノコクズ発酵飼料		20	20	20	25	25	
魚粉				3	5	5	
ダイズ粕 豆腐粕					5	8	
緑餌				10	20	30	

産卵飼料を与えると、換羽の終わらないうちに産み出したりして（元へ戻ること）、失敗するおそれがある。餌付けが始まると、鶏は絶食中の不足を取り戻そうとして猛烈な食欲を示すが、この表より多くは与えないようにする。この場合、親心は禁物。人間の断食療法でも、断食後の食いすぎは失敗のもととなる。換羽がめだち始めるのは餌付け開始後一週間目ぐらいであるが、そのときにはすでに新羽が用意されているのである。落葉が始まるとき新芽がすでにできているのと同じである。羽毛の脱落が終わると、短日の時期ならば点燈を開始する。十一〜十二月絶食のものは点燈は不要（前項参照）。

産卵は絶食開始四日目ぐらいで止まり、そのあと五〇〜六〇日休産する。休産中カキガラを産卵鶏と同じに与えると、エサ箱にカキガラだけたくさん残るので、ときどき回収してやらねばならない（または初めからカキガラを減らす）。

強制換羽した場合の産卵と生存の推移

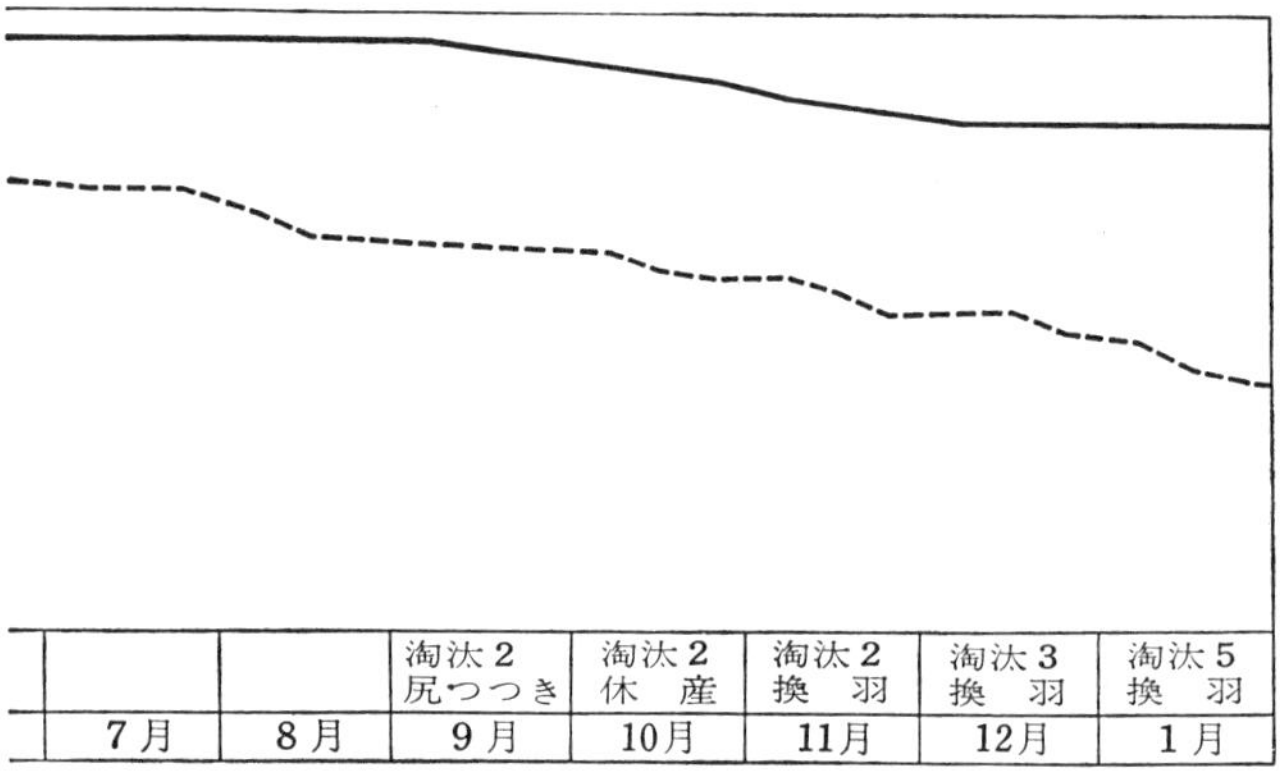

する。

　産卵が再開されると、カラの固い、きめのこまかい、色のよい卵を連産する。卵重も換羽にかけない場合よりかなり小さめとなる（換羽にかけなければ過大卵―七〇グラム以上が多い）。強制換羽後の産卵推移の一例を第39図に示す。

第39図 7月上旬餌付け－翌年12月中旬

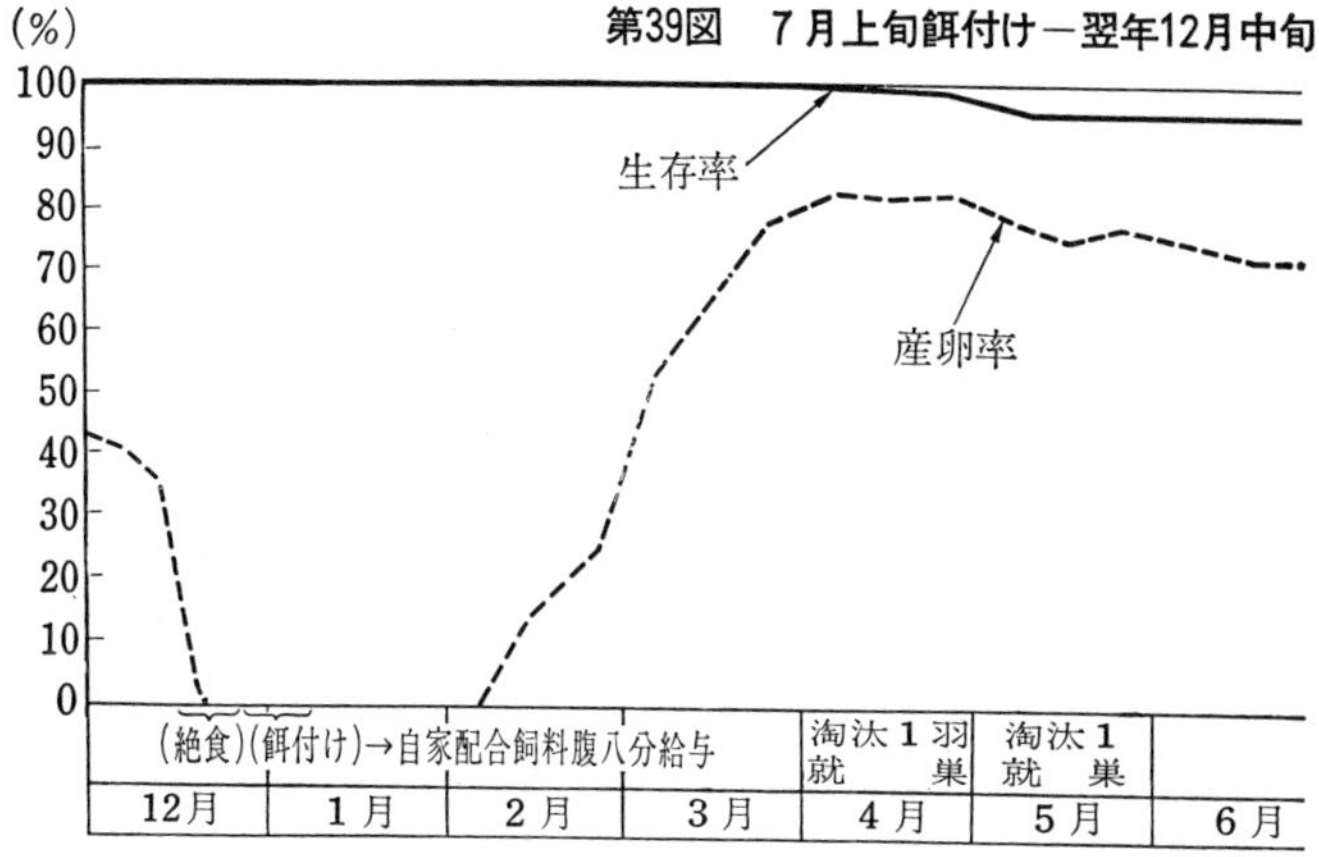

注) 産卵率，生存率ともに強制換羽開始時羽数に対する％。2月にオール淘汰

八、廃鶏の淘汰

廃鶏の淘汰には二通りある。

その一つは、オール淘汰の時期がこないうちに病気になったり、巣に就《つ》いたり、友だちにつつかれたり、換羽に入ったり、一時休産したりというようなとき、所要に応じて淘汰する場合である。

もう一つは、所定の採卵期間飼育し、次の若メスを鶏舎へ入れる時期を迎えたとき、産卵の有無に関係なくローテーションに従って、オール淘汰する場合である。

1 飼育途中で淘汰する場合

(1) 鶏　病

鶏病といっても、自然飼育の農家養鶏ではほとんど病気はないので、そのために頻繁に淘汰しなければならないということはない。ケージ飼育の企業養鶏では、数えきれないほどたくさんの鶏病に悩まされ、そして数えきれないほどたくさんの薬を使用しなければ、これらの鶏病を防ぐことはできないが、われわれはいかなる消毒剤も予防薬も必要とせず、鶏の健康を守ることが可能であるので、鶏病による淘汰は考慮外である。もしも鶏病多発、淘汰励行という事態が起きるようなら、それは農家養鶏の最も大切な資格を失ったも同然である。

私は鶏病について勉強したことは一度もないので、ここで説明することはできない。かかりもしない病気について勉強したり、対策を立てたりするヒマがあったら、昼寝でもしたほうがましであると私は思っている。それほど鶏というものは強くて飼いやすいものであるのに、それを病弱にするのは、よほど（あるいは可能なかぎり）鶏を虐待し弱らせている証拠でなくてなんであろう。

(2) 卵墜

ただひとつ、自然飼育していても「卵墜《つい》」というのがきわめてまれに発生することがあるので参考までに説明する。

ただし、これは病気というより物理的衝撃によって生ずる公算が大きく、防ぐ術《すべ》がないのである。つまり卵巣の黄味が熟して、いよいよ卵巣を離れ輪卵管へ落ちるというとき、多分なにかの衝撃が外部から加わることによって（鶏が驚いて飛び上がったとき柵などに身体をぶつけた場合）、卵黄が輪卵管へ落ちずに腹腔へ落ちるのである。すると崩れた黄味が小腸や大腸のまわりに付着し、やがて鶏は腹膜炎を発症し、腹腔に水がたまるようになる。これを俗に「腹水《ふくすい》」または「腸満《ちょうまん》」という。

卵墜が起きると、いままで元気で多産していた鶏は急に食欲がなくなり、トサカは紫色に変色して萎縮し、鶏舎の片隅に佇《ちょ》立する。やがて腹に水がたまると、アヒルのように尻が下がってくる。なかには一〜二日で頓死するものもある。たとえ生き延びてもなかなか治りにくいので、見つけしだい淘汰する。その発生率は一〜二%ぐらいである。

(3) 寄生虫・吸血昆虫

これも病気ではないが、内外寄生虫と吸血昆虫について、少し説明しておく。

回　虫

内部寄生虫（主として回虫）については、「緑餌」の項で述べたごとく、たとえわいても、健康な鶏は自然と体外へ排出するものであるから心配ない。

回虫一匹が二〇万個もの卵を産み、それが鶏糞とともにばらまかれ、または鶏舎のホコリとともに空中に飛び散っているので、これを完全予防することなどは到底不可能である。鶏糞の付着した緑餌を除外することぐらいで予防できたらおなぐさみである。回虫卵などはいくら摂取してもよい。われわれは鶏の自衛力（抵抗力）に期待しよう。

健康な鶏は摂取した虫卵を腹の中で孵化することを抑え、たとえ孵化してミミズになっても、それを体外へ追い出す力を持っている。土間の糞に回虫が二匹や三匹混じっていたとしても驚くことはない。それは鶏が自然と体外排出したものであるので、ここで騒いで全鶏に駆虫剤をのませるがごときは、ちょうど一株の作物に害虫が二、三匹いるのに驚いて、全圃場に農薬をバラまくに等しい。

駆虫薬をのませるより、たとえ鶏糞が付着していても、草を鶏に与えたほうがよい。緑餌を食べて丈夫になった鶏は、自力で回虫を駆除することができるからである。私は一年じゅうただの一回も駆虫薬を与えないが、回虫で貧血した鶏などは一羽も出ないのである。

羽ジラミ

外部寄生虫――羽ジラミは鶏の血を吸うわけではなく、毛垢《あか》（羽毛の生え際にある粉状の垢）などを食って鶏の皮膚に棲息《せい》する昆虫である。血は吸わないが皮膚がムズムズするので鶏は落ちつかず、つねに嘴で羽毛を梳《す》く動作を続ける。だが平飼いで鶏が土浴びをすれば、羽ジラミはあまり寄生しないものである。土浴び（砂浴び）は夏は身体を冷やし、冬は身体をあたためるだけでなく、この羽ジラミ駆除にも役立っているのである。

ワクモ

ワクモは鶏体には寄生せず鶏舎に隠れていて、夜間出没し吸血する。ワクモは鶏舎が古くなってくると、晩春から初秋にかけてほとんど常在すると考えてよい。ことに換気不良であったり、舎内の造作が複雑でワクモの隠れ場所の多いような鶏舎に多発する。四方金アミ、止まり木だけの開放鶏舎では多発せず、発生しても退治が容易である。

ワクモは昼間は止まり木の下部、柱の割れ目、板や竹の接着部、平グモの巣の中、産卵箱の隅などにひそんでいて、夜間に活動を開始し、鶏の脚をつたってはい上がり吸血する。吸血する前は灰色の目立たぬ小さなクモのような虫であるが、吸血すると赤くふくれてきてよくめだつ。また隠れ家《か》付近は虫の糞が付着して白いカビのようになるので、注意してみればよくわかる。

ワクモの退治法は、隠れ家に石油とクレオソート半々の液をハケで塗ると一発で死ぬ。クレオソートは防腐剤なので、鶏舎の耐用を長くし一挙両得となる。これは農家養鶏で薬剤使用の唯一の例外として許容を乞う（ワクモには各種の殺虫剤もあるが、薬剤の水溶液では隠れ家の奥まで届かないおそれがある。石油は浸透性があるので木材の内部まで入り込み撲滅する）。

ヌカ蚊

ニワトリヌカ蚊はロイコチトゾーンの病菌を媒介するといわれているが、丈夫な鶏ではヌカ蚊に刺されても心配ない。またワクモにせよ、ヌカ蚊にせよ酸性体質の鶏には好んで集まり、アルカリ体質の鶏にはあまり寄りつかないことも見逃せない。人間でも酸性体質の人に蚊が群がり、アルカリ体質の人には同じ場所にいてもあまり群がってこないものである。さらに、酸性体質の人は蚊に刺されるとすぐ皮膚がふくれてくるが、アルカリ体質の人は平気である。鶏にノコクズや緑餌を多食させて弱アルカリの体液に保つことは、吸血昆虫の被害をなくすることにも役立つのである。

ヌカ蚊やワクモによって血を吸われること自体には鶏は案外強く、ワクモなどは何万匹と吸血するのだが、鶏はそのため貧血したり急速に減産したりするようなことはない。したがって吸血自体の原因で淘汰することはめったにあり得ない。しかしそれだからといって放っておいては、ワクモが加速度的にふえ続けるし、鶏もかわいそうなので退治してやることは当然である。ヌカ蚊ではその媒介によるロイコチトゾーンにかかれば、あるいは淘汰の要があるかもしれないが、私にはその経験はない。

(4) 就巣

鶏が春季多産して産み疲れがくると、赤玉鶏では晩春より初夏にかけて就巣鶏が出る(白レグではほとんどゼロ)。その率は約五%ほどである。

巣念性は育種の段階で抜くよう努められるが、元来就巣因子と多産因子とはくっついているので、これを除外してしまうと産卵が落ちることになり、その兼合いがむずかしい。白レグではその分離に成功したが、それは家畜から機械への完全脱皮にほかならない。種族維持の本能によって、多少は巣に就くのも動物らしさの現われと見なすべきであろう。

就巣鶏は給餌または就寝時も、産卵箱の中へうずくまり、人が近寄ると羽毛を逆立てコッコッと鳴くのでよくわかる。巣念が出たら産卵は中止される。バタリーへ一時移動すると、二〇日ぐらいで巣念は去り、卵を産み出すが、元へ戻せばやがてまた巣に就くので、見つけしだい淘汰したほうがよい。

就巣鶏などわずかの羽数を淘汰するときは、近くの鶏肉屋と契約しておくのがよいが、近ごろは鶏肉屋も、と体の仕入れが便利なので、毛付きの生体はあまり歓迎しない。消費者から希望があれば生きたまま売るか、または自家用に供する。と殺して肉にして売るには許可がないと保健所のおとがめがあるので要注意。

私は淘汰鶏は近くのかしわ屋さんに高値で（生体キロ当たり一一〇円ぐらい）買ってもらっているが、オール淘汰のときは羽数が多く、かしわ屋さんでは処理しきれないので、鶏肉工場へ一括出荷している（この場合はキロ当たり六〇円ぐらいとなる）。

(5) 尻つつき

尻つつき（正確には尻つつかれ）が出たときは、軽いものは一羽だけ別飼いしておけばすぐ治る。重傷のものは回復に手間取るので淘汰したほうがよい。

尻つつきの予防は「断嘴」の項で述べたが、それを守ってもまだ出るときは、犯人を捕えて上嘴の先を下嘴よりやや短くなるぐらいペンチで切断するとよい。犯人は鶏舎の中で五分も待機していれば、現行犯で捕えることができる。友だちの尻をうかがいながら近づいてチョンとつついてみたりするのがまさしく犯人である。切断した嘴はまた伸びてくるが、その頃は「つつき」を忘れているであろう。

(6) 換　羽

換羽鶏が出たとき淘汰すべきかどうかは思案のしどころである。換羽に入ると、もちろん産卵は中止するが、鶏齢および経営方針によって、淘汰は即座に行ないにくいことになる。

秋季から初冬にかけて、産卵一年未満の鶏が産み疲れ、換羽に入ったときは、二ヵ月ぐらい我慢すれば、冬から春へかけてまた多産するので（代償産卵）、これは淘汰しないほうがよいかもしれない。一年以上産んだ鶏の無換羽続産をねらう経営方針の人は、一年以上へて換羽に入るものは淘汰したほうがよい。

一年産んだところで強制換羽（前述）にかけて、あともう一年採卵をねらう人は、そのころ自然換羽に入っている鶏はあえて淘汰せず、強制換羽と同じグループで処置したほうがよいであろう。

春はスズメでも産卵する季節なのに、春季換羽に入るような一年未満の鶏がもしあれば、これは駄鶏であるので、ちゅうちょなく淘汰すべきである。

(7) 休　産

休産鶏というのは大部分換羽と抱き合わせであるが、まれに換羽しないまま休産に入る鶏もある。原因を追究して管理に手落ちがあれば即刻是正すべきであるが、他の鶏ががみんな産んでいるのにその鶏だけ休産しているのは、これは駄鶏なので淘汰する。

近ごろは無産鶏（いつまで待っても産み出さない）などというケースも珍しくないので（無産鶏は近代養鶏の落し子。自然から隔絶した飼育と繁殖を続けてゆくと、こういう鶏が出る場合もある。種鶏のケージ飼育、人工授精などは要注意。関東のある養鶏場では七〇〇〇羽のうち二〇〇〇羽も無産鶏が出たという――ＮＨＫテレビ「養鶏戦線異常あり」昭和五十五年一月二十三日、「明るい農村」）、こういう鶏が出れば直ちに淘汰する。二五〇日を経ても産み出さなければマークする。

(8) 駄鶏の見分け方

就巣、尻つつき、換羽などは一目瞭然であるが、その他の場合は次のようにして駄鶏を見分ける。

休産するとキサントフィルという黄色色素が（卵黄に移行しないので）、嘴や脚や目のふちに沈着する。休産して一週間もするとまず脚が黄色味を帯びてくる。次いで嘴のつけ根、目のふち、やがて嘴の全体が黄色くなる。もうそのころは一カ月以上の休産となる。ただし緑餌、カボチャ、黄色トウモロコシなどはキサントフィルを多く含むので、そういうものを多給している場合は、産卵中といえどもわずかに脚や嘴が黄色味を帯びているので要注意。

また赤玉鶏はもともと脚や嘴に黒い模様のあるものが多いので、色素を見分けるのに困難である。

そのときは鶏をつかまえて肛門を調べる。産まない鶏は肛門が小さく締まって湿りがなく、周囲に黄色い色素が沈着している。産む鶏は肛門が大きくゆるやかで湿り気があり、黄色くなく肉色であるのでよくわかる。

次いで、産まない鶏は肛門のすぐ下方の、恥骨間隔が狭くなり（指一本の間隔）、産む鶏は広まっている(指二〜三本)。さらに産まない鶏の腹部は固い脂肪があるかまたは萎縮し、産む鶏はつきたての餅のようなふっくらした柔らかさを持つ。

その他トサカが縮んで赤味を失ったもの、トサカが白く粉のふいたようなものはともに休産中、逆に鮮紅色に赤すぎるのも脂肪鶏で休産中である。トサカは淡赤色で張りのあるのがよい。

エサを与えたときすぐ近よってこないもの、近よってきてもすぐ離れてゆくものは、稼いでいない休産鶏の証拠である。このことは夕方止まり木に上がった鶏の嗉囊《そのう》に触わってみてもよくわかる。エサがいっぱい入っていないのはダメな鶏である。

第40図　これも駄鶏（尾をさげて元気がない）

2　上手なローテーション

(1)　ローテーションの基本姿勢

企業経営では、たとえば稼働鶏五万羽を維持するためには（厳密には、たとえば採卵日量二トンを維持するためには）、ヒナをいつ何羽入れて、育成率を何％以上とし、淘汰率を何％にとどめ、産卵率を何％以上にし、そして何カ月産ませてオールアウトするか、という計画が必要なのである。それがないと卵の供給、雇傭労力と賃金、資金の回収と積立て、エサの仕入れと鶏糞の始末など、経営と運営に支障をきたすからである。

だがわれわれ農家養鶏では、こういうことはあまり厳密に考える必要はない。自分の欲するときヒナを入れ、育つだけを育て、産める範囲内で卵を産ませ、買ってくれる人に卵を売り、卵が足りなければ丁重に断わり、産まなくなれば淘汰する。

養鶏の主体性はあくまで農家側になければならない。消費者や流通業者にふり回され、常時これだけの卵量を提供しなければならないというクサリをはめられては、主体性は奪われる。卵は「消費者に乞われて分け与えている」のであるから、足りなければ献立からはずしてもらえばよい。余ればさらに別の消費者へ分け与えればよいのである（余ったとき間違っても安売りや押し売りをしてはならない。それが養鶏の主体性を崩す最大の原因である)。

だから農家養鶏においては、卵の消費に合わせて鶏を飼うのではなく、大自然のサイクルと自らの農作業の都合に合わせて鶏を飼う、という基本姿勢を貫かねばならない。故に、ヒナの導入は三月から八月までの間に行なう。この期間は気温も高く、保温と換気とが両立するので育てやすいし、また六ヵ月の育成中せめて半分は日の短くなる期間が欲しい(日長が三ヵ月以上に及ぶと成熟が進みすぎて早産となる)ので、九月から二月までの餌付けは除外したほうがよい。そして五、六月の農繁期をはずして三、四月と七、八月の餌付けが労力配分の上から望ましい。その結果、当然ながら一年を通ずると産卵日量に大きな相違がでる。

(2) 鶏舎の運用とローテーション

さて、ローテーションは鶏舎の運用を適切に行なう(たとえば淘汰を見送って若メスと混飼したり、逆にまだ産む鶏を押し出し淘汰しなければならなかったり、空棟が長期間続いたりということを避ける)ためであって、卵の定量出荷を維持するためではない。

では、毎年ヒナを五〇〇羽ずつ導入するとき鶏舎の使用回転はどうなるか、ということと、もう一つは合計五〇〇羽分収容の鶏舎を建てたとき、毎年何羽のヒナを導入できるか、ということの二通りについて考えてみよう。

場合の鶏舎ローテーション

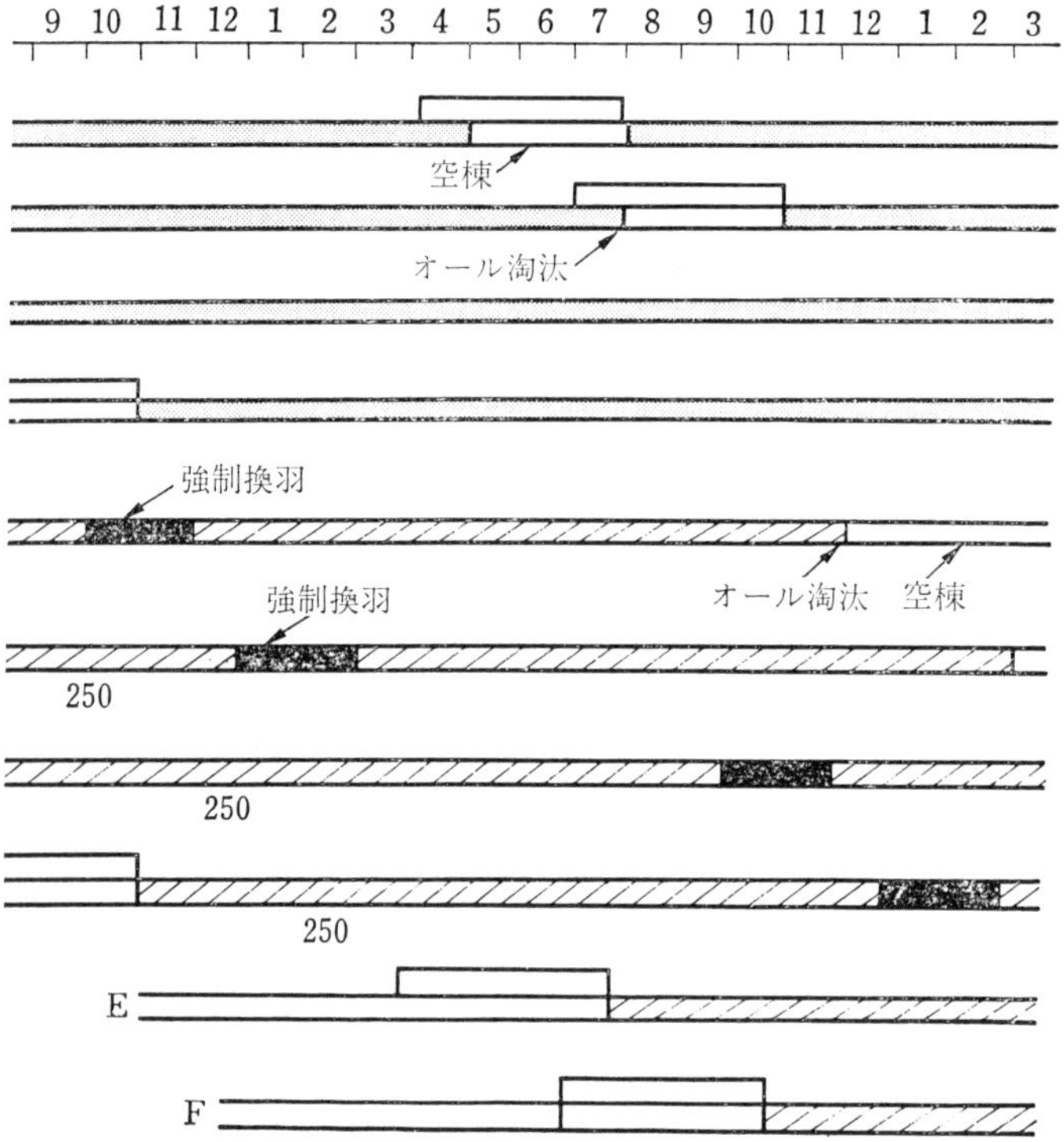

第41図 毎年500羽餌付けの

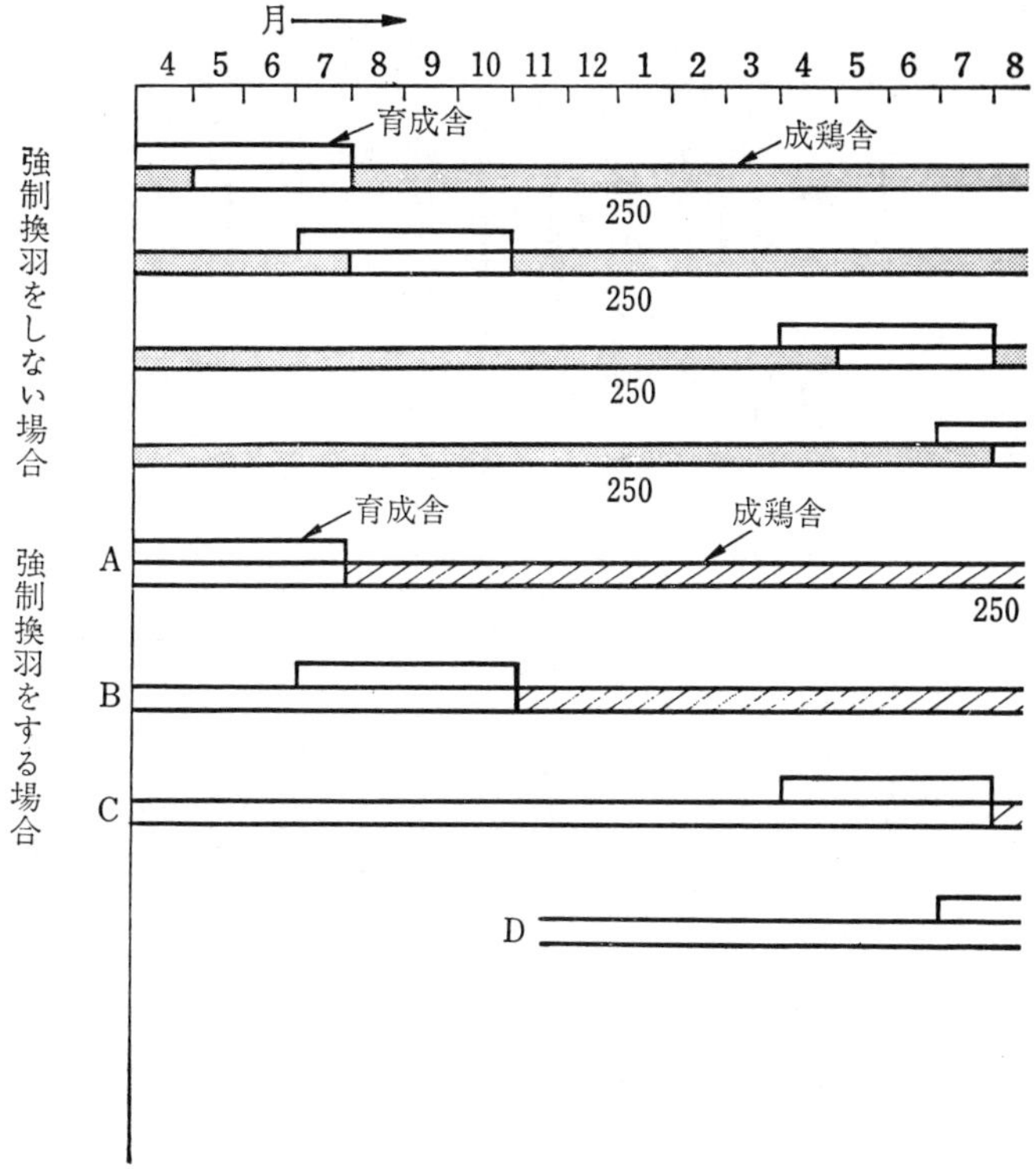

第41図は五〇〇羽のヒナを一年二回に分けて餌付けしてゆくとき（四月初めおよび七月初めの二回）の鶏舎使用回転を示したものである。アミの帯は産卵一年半でオール淘汰する場合を示し、斜線の帯は産卵一年で強制換羽にかけ、あともう一年採卵してから淘汰する場合を示したものである。

いずれの場合も餌付けは二五〇羽ずつ、オール淘汰まで鶏の移動合併は行なわないものとする。羽数はオール淘汰時までに逐次減り、最終七五％ほどになるが、そのまま羽数の補充は行なわないほうが成績がよい。

すると、強制換羽をやらない場合は、毎年十一月から翌四月まで一〇〇〇羽分の鶏舎が満杯となる。すなわち産卵一年半でオール淘汰する経営方針の人は、毎年五〇〇羽のヒナを導入すると、「一〇〇〇羽の成鶏舎が必要」ということになるのである。換言すれば、一〇〇〇羽の成鶏を維持するには毎年五〇〇羽の餌付けが必要ということである。これを年間「五〇％更新」という（育成舎で四月ヒナと七月ヒナが一ヵ月重なるけれども、これは、一方は大すうバタリーに、一方は育すう箱または幼すうバタリーにいるので、さしつかえない）。

なお、この場合、空棟期間が三ヵ月あるので、この間に鶏舎の補修を行なう。補修の必要がなくて産卵が四割以上ならば、次のヒナ収容の直前まで飼育してもさしつかえない（鶏舎の掃除・消毒は不要）。

強制換羽にかけてあともう一年採卵すると、鶏舎の使用回転は四分の一遅くなる。第41図の斜線部分のうちのAをごらんいただきたい。本年の四月に餌付けすると、翌年の四月も翌々年の四月も、まだその鶏が現役で活躍中なので、鶏舎の回転は行なわれず、翌々々年に至って初めて二回目のヒナが入ることになる。

この場合、同一の鶏舎へ同一時期餌付けのものを入れてゆくと、空棟期間が八ヵ月にも及び（淘汰を延ばせばこの期間は多少縮められるが――）、不経済のように思われるので、四月の鶏を淘汰したあとへ七月餌付けのもの（Fのライン）を入れてゆけば、空棟なしで（実は一ヵ月重複するので、淘汰を一ヵ月早めねばならない）つねに満杯状態を保つことができ、しかも二五〇羽分の鶏舎が浮いてくることになる。ただし空棟期間がないと、鶏舎の補修は鶏のいるうちに行なわねばならないのである。

そこで毎年ヒナを五〇〇羽ずつ導入して、産卵途中で強制換羽にかけ、採卵期間を二年に延ばしてゆくと、鶏舎はつねに一二五〇～一五〇〇羽分を必要とするのである（空棟八ヵ月の場合は一五〇〇羽分が必要）。言い換えると、一二五〇羽を維持するためには毎年五〇〇羽の餌付けが必要ということである。これを年間「四〇％更新」という。

ちなみに、企業養鶏では年間一〇〇％更新が普通である。

次は合計五〇〇羽の収容能力のある鶏舎を持つとき、毎年何羽ずつのヒナが導入できるかということであるが、これは第41図の逆をたどればよいので、アミの帯（強制換羽しない）の場合は、五〇〇羽の五〇%——二五〇羽の餌付けが可能である。斜線の帯（強制換羽する）の場合、五〇〇羽の四〇%——二〇〇羽の餌付けが可能である。

九、平飼い鶏舎のつくり方

1　鶏舎つくりの原則

(1)　審美眼を持たない鶏

鶏舎設備に金をかけると、これを回収するためどうしても単位面積当たりに鶏をたくさん押し込むことになる。

たくさん押し込むことが果たして回収の増大につながるかどうかということは後述するとして、ともかく鶏舎には金をかけないことが先決である。

鶏は審美眼を持たないのだから、どんなに豪華な鶏舎を与えたところで、そのために喜んだり、感奮したりすることはないのである。逆に、柱が曲がったり軒が傾いたりしたどんなにオンボロの鶏舎へ入れても、そのために怒ったり不愉快になったりすることもないのである。

第42図　さまざまな平飼い鶏舎

鶏が不快を表わし苦しみ嘆くのは、むしろデラックスな近代鶏舎に密集飼育され、空気の汚れ、日光の欠乏、大地との隔絶を余儀なくされた場合である。人間が見た目にどんなにデラックスな鶏舎であろうとも、それはただ人間それ自身の虚栄を充たし、人間だけに都合のよい人工コントロールを強制するための装置にすぎないのである。

逆に人間の見た目にどんなにお粗末であっても、空気の流通がよく、日光が射し込み、大地と接触し得るような鶏舎ならば、鶏は人間の審美眼などには関係なく大満足しているに違いない。いかに近隣、友人、知人、業界などがそのお粗末鶏舎を軽蔑《べつ》しようとも、鶏は全然気にしていないと思うのだが、どうか。

(2)　密飼いの「経済学」

そこで飼育密度を高める（単位面積当たり鶏をたくさん押し込む）ことが、果たして設備資金の回収（または生産コストの引き下げ）にどの程度寄与し得るか——ということについて、『アニマル・

マシーン』（ルース・ハリソン著）は次のように説明しているので、参考までに引用させていただく。

「三〇〇羽のトリにちょうどよいように設計された鶏舎に四〇〇〇羽入れると、とりあえずは年間数百ポンドの支出が節約できるかもしれない。しかしその鶏舎の耐用年数を計算に入れると、それは一羽について一年でわずか一シリングの節約にしかならないのである」

「――不幸なことに飼育密度を考慮してみても事態はむしろ悪化する。相当信頼出来るデータによれば、鶏舎での飼育密度を強化するとトリの産卵実績は低下するという」

「どの調査結果でもたくさん詰め込まれたニワトリの方が、産卵数が少ない上に死亡率が高く、廃鶏時の体重も軽くて、同量の産卵をするのにずっと多くのエサが必要であった。――中略――十分なスペースを与えられたニワトリは、密飼いのものが年間二二一個の産卵に要するのと同じ量の飼料で二四一個も産卵するというわけだ」

「そして以上述べてきたような飼育密度の強化は、鶏卵生産の経済学にごくささいな意味しかもたないことは明らかである」

鶏舎に相当の資金を投入した近代的ケージ鶏舎でさえ、密飼いによるメリットはほとんどない、と『アニマル・マシーン』では説明しているのである。いわんやこれから私が述べようとしている「丸太柱にトタン屋根、四方金アミ」というお粗末鶏舎では、一羽当たりの設備償却費などはゼロに等しいと思うのである。しかも、耐用年数は三〇年をはるかに越えるものと予想される。

こういう鶏舎ならば、薄《うす》飼いにしても少しも惜しくないと思うがどうだろう。言い換えると、「薄飼いにしても惜しくないような、安上がりで長持ちする鶏舎をつくろう」ということなのである。

2 鶏舎のつくり方

では、そのお粗末鶏舎のつくり方について説明しよう。

鶏舎構造

第44図をごらんいただきたい。これは一〇〇羽用の平飼い鶏舎である（二間×五間、坪《三・三平方メートル》当たり一〇羽収容）。一群一〇〇羽を越えるときは二群に分け、できれば連続鶏舎（間仕切りを入れた棟割り長屋方式）にせず、一〇〇羽を単位とした単棟鶏舎に収容する（空気の流通がよく日光の照射がゆき渡る）。

第44図の鶏舎構造は一例として掲げたまでで、あえてこれによらなくても、要するに鶏が四散せず、雨露をしのぎ（卵やエサがぬれないよう）、外敵を防止し、空気と日光がよく通れば、どんな構造でも（正方形でも三角形でも台形でも）かまわないのである。

運動場

鶏舎に屋外運動場を付し、落葉樹でも植えてあれば最高であるが、そこで雑草を利用したり、カボチャを栽培したりするためには、運動場はなくてもさしつかえない。運動場にすれば相当広大な土地

第43図　運　動　場

でも、一〇〇羽の鶏で草一本生えないツルツルの大地と化してしまうからである。運動場はなくとも、鶏の経済寿命や健康度にたいした影響はないのである。いわば運動場はぜいたくな遊び場であって、人間にあてはめると公園ないしはゴルフ場みたいなものか――。

床

鶏舎の床はいうまでもなくコンクリートにしない。コンクリートは掃除・消毒に便なるためであるが、掃除・消毒などは単なる管理者の気休めにすぎないので、どんなに完全にやったつもりでも、鶏に抗病力がなければ、滅菌した鶏舎で病気にかかるのである。床や柱ばかりいくら掃除・消毒したって、病原菌は空気や水やエサとともにいつでも鶏舎へ入ってくる。まさかエサや空気までいちいち消毒して与えることはできないであろう（鶏舎の床が土間でなければならないわけは「大地」の項で詳述した）。

鶏舎の土は盛り土をするか、周囲に溝を掘るかしないと雨水が浸入する。ことに平地では注意を要する。斜面では

飼い鶏舎設計図

その1　100羽用鶏舎の例

平面図

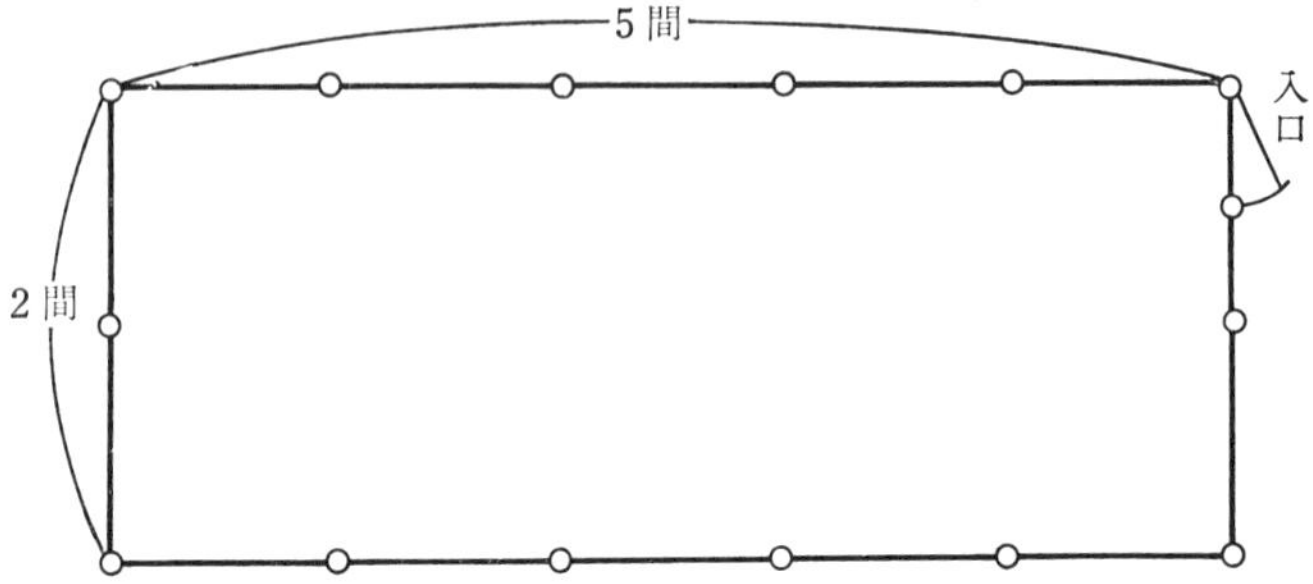

正面図

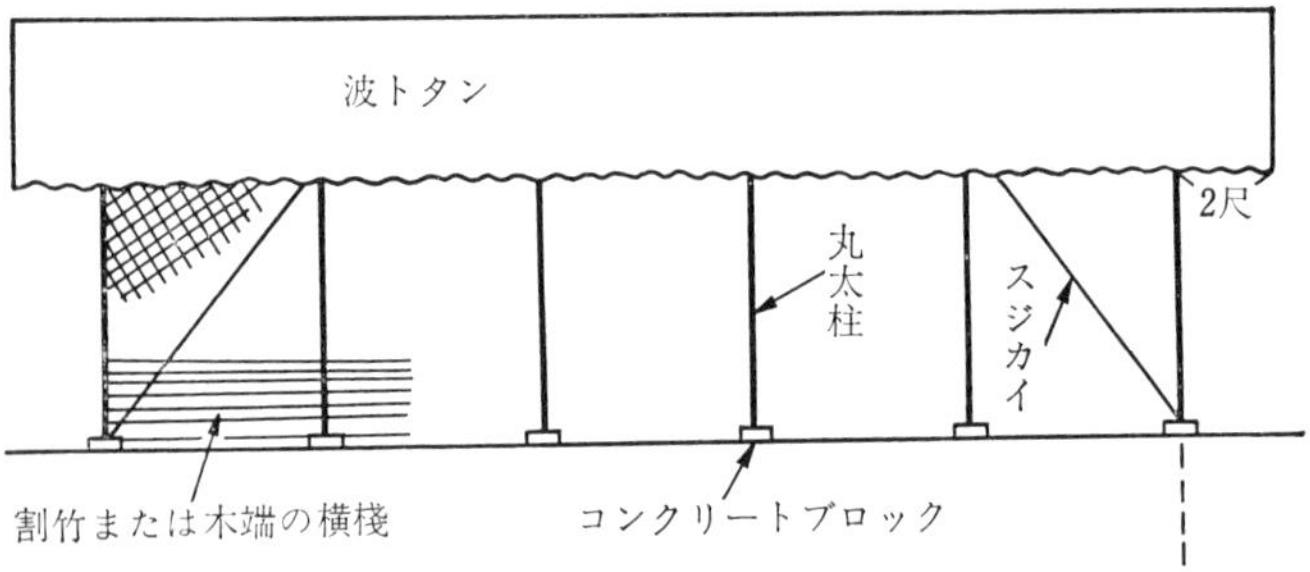

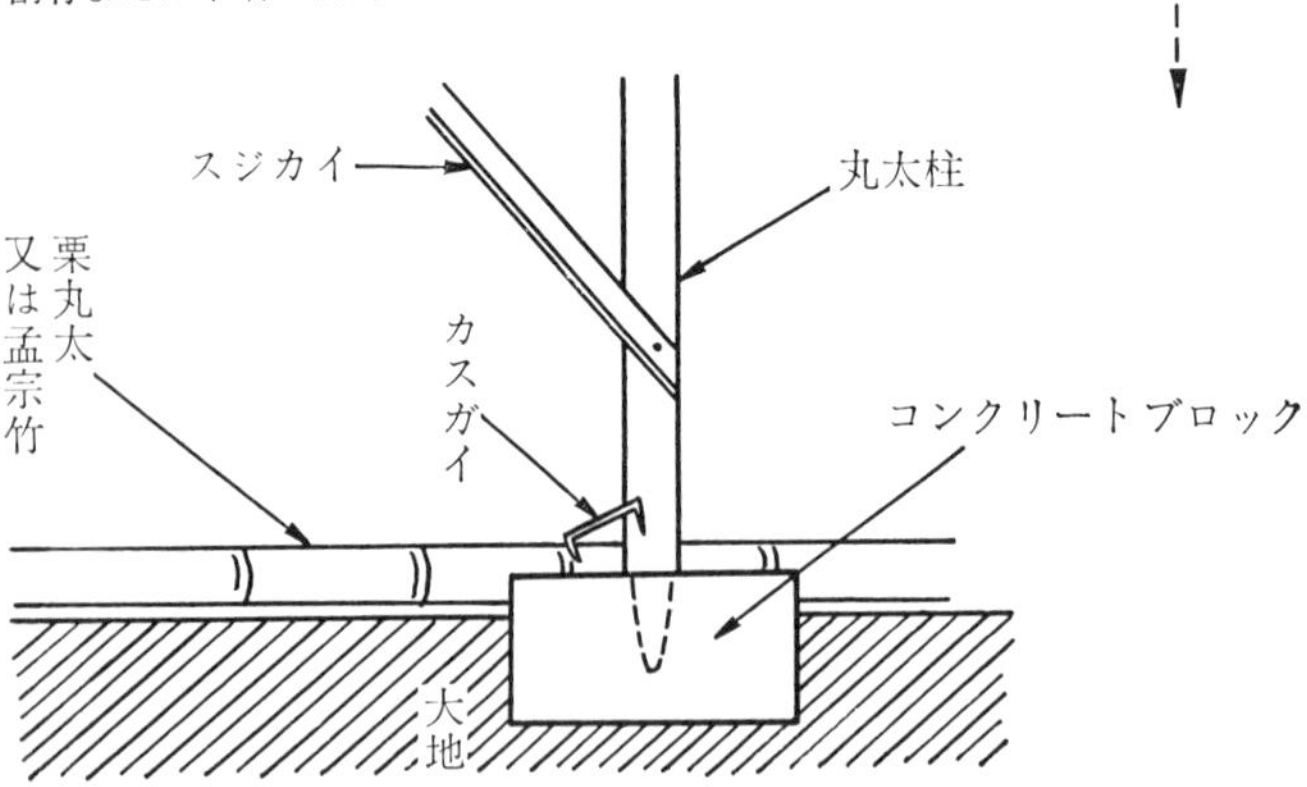

第44図　農家養鶏平

側面断面図

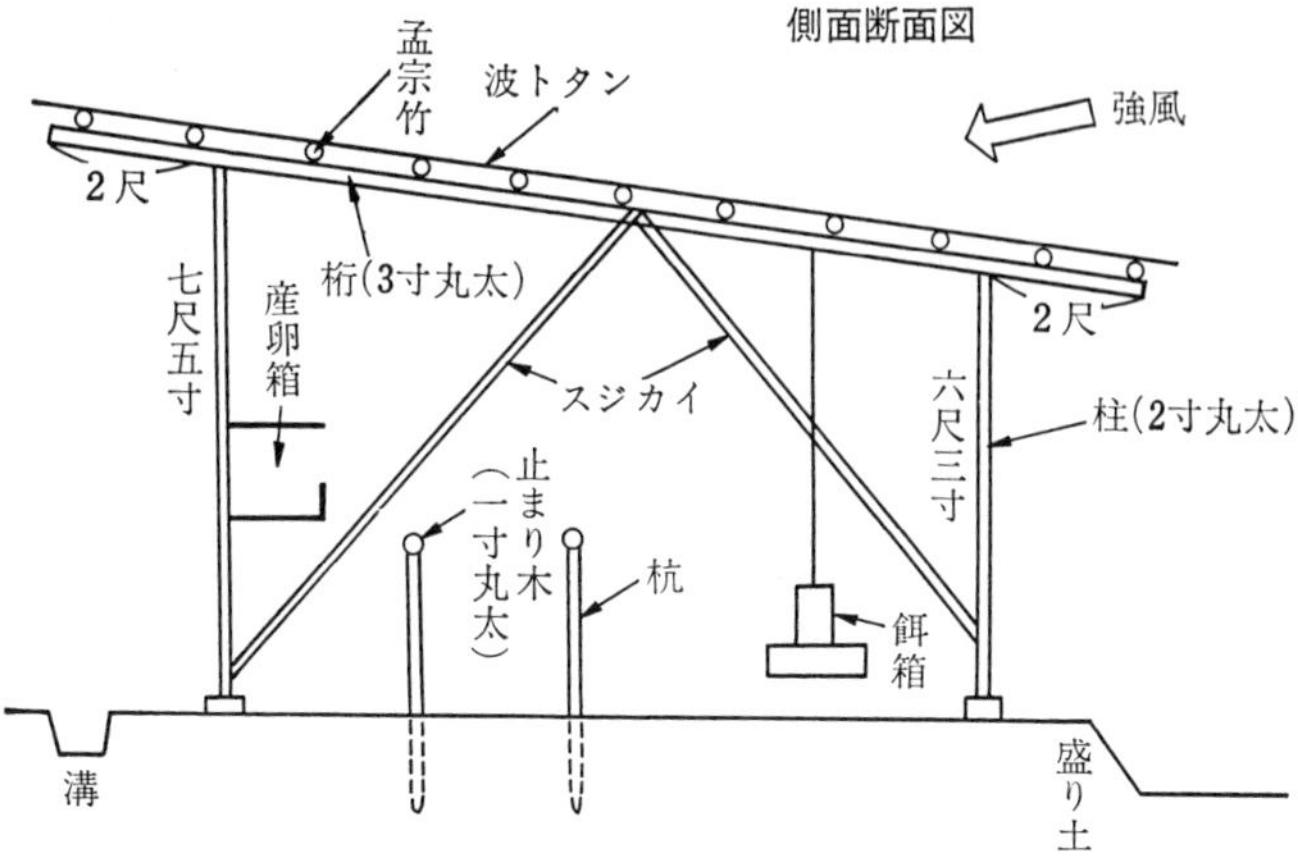

その2　40羽用鶏舎の例

見 取 図

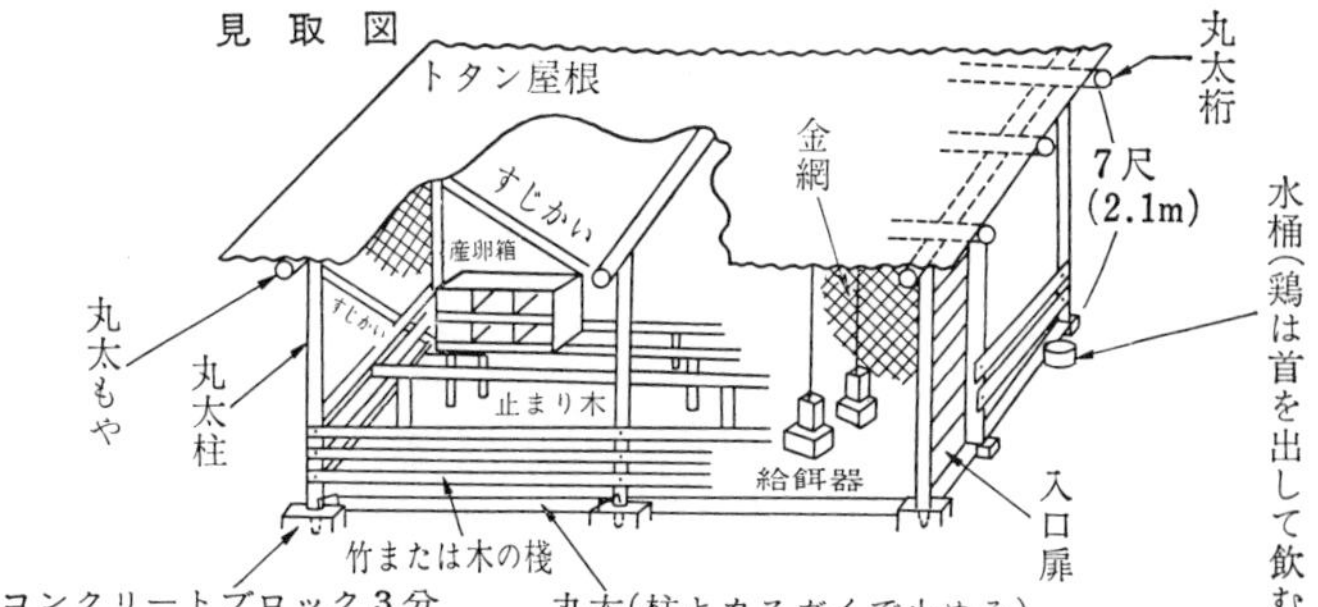
コンクリートブロック3分の2を土中に埋める
丸太(柱とカスガイで止める)外敵を防ぐ

スジカイは省略してあるが，四面にできる限り打ちつけておく。1寸丸太でよい。柱ともや，もやと桁の接着は3寸6分の釘を斜めに打ちつける。

鶏舎の耐用年数は私の場合25年を経ても金網，トタンの他はほとんど傷みがなく，まだ何十年も使用に耐えそうである。そのため鶏舎建設費の安上がりと相まって償却費は極めて低額となる。

四面開放のため台風に強い。ただしスジカイをしっかり入れておく。強い地震にも多分耐えると思われる。

高いほうにだけ溝を掘っておけばよい。

柱

さてその大地（土間）に、柱の立つ所だけブロックを埋める（三分の二ぐらい）。これは直接丸太を大地につき立ててもよいが、柱の下部が早く腐るので、ブロックにすれば三〇年以上長持ちする。ブロックは捨てコンクリートの上に固定してもよいし、単に土中に埋めただけでもよい。ブロックの穴に柱をはめ込み、柱の長さは（片屋根なので）低いほうで六尺三寸ぐらい、高いほうで七尺五寸ぐらいにする。柱は檜《ひのき》、杉、栗などの二寸丸太、少々曲がっていてもよい。

桁・スジカイ

柱の上へ桁《けた》をのせる。柱と桁のつぎ目は、ノミ穴を掘らなくともただ桁の接着部を少し削って平らにし、それを柱の末口にのせてカスガイで止めておくだけでよい（これで伊勢湾台風に耐えた）。桁はあまり曲がっていない三寸丸太を使用し（杉がよい）、桁の上に孟宗《もうそう》竹または杉丸太のもやを打ちつける。竹の場合はその接点を一部欠き安定をよくして、釘を打つ所をノミで傷つけ、四寸釘で固定する。

スジカイはなるべくたくさんしっかりつけておく。一寸丸太で充分。スジカイさえ入れておけば台風でも地震でもこわれることはない。

屋　根

もやの上へ波トタンを張る。竹に波トタンが打てるかと懸念されるであろうが、孟宗竹は皮が厚いのでうまく釘が利く。屋根の葺《ふ》き出し（ひさし下）は最小二尺（約六〇センチ）欲しい。雨雪の吹き込み防止と、柱の下部腐蝕防止のためである。屋根は片屋根であるが、その傾斜は風の吹く方向に向かって下げる。逆にすると風を受けてトタンが飛ぶ。私の地方では台風はほとんど東南の風が吹き、春の嵐は西風が多いので、屋根は南へ傾斜させてある。北風は一年じゅうほとんどない（裏が山のせいもある）。

外敵からの防御

鶏舎囲いと大地との接触部には太い孟宗竹または栗丸太を横たえ、柱にカスガイでとめておく。これでめったに外敵の侵入はない。土間の土がやわらかい場合は、キツネやタヌキが穴をあけて竹の下をくぐることもあり得るが（この場合は石や瓦《かわら》を埋めて防御する）、大地が堅ければ穴をあけて入ることはない。外敵の侵入は地上部四〇センチが最も危ないので、柱の下部四〇センチには割り竹か木端《こつぱ》（製材所で無料）を横桟《さん》に打ちつける（下までオール金アミでは、やがて金アミが腐蝕してきて外敵に対し危険である。また鶏も外へ飛び出す）。

止まり木

止まり木は土間に抗を打ち、それに一寸丸太を釘づけにする。地面よりの高さは二尺（六〇センチ）ぐらい、止まり木と止まり木との間隔は一尺五寸（四五センチ）ぐらい。止まり木にはワクモが棲息しやすいので、丸太の皮は剝《む》いておく。ワクモは割れ目や襞《ひだ》をかくれ場所とする性質がある。

第45図　エサ箱のつくり方

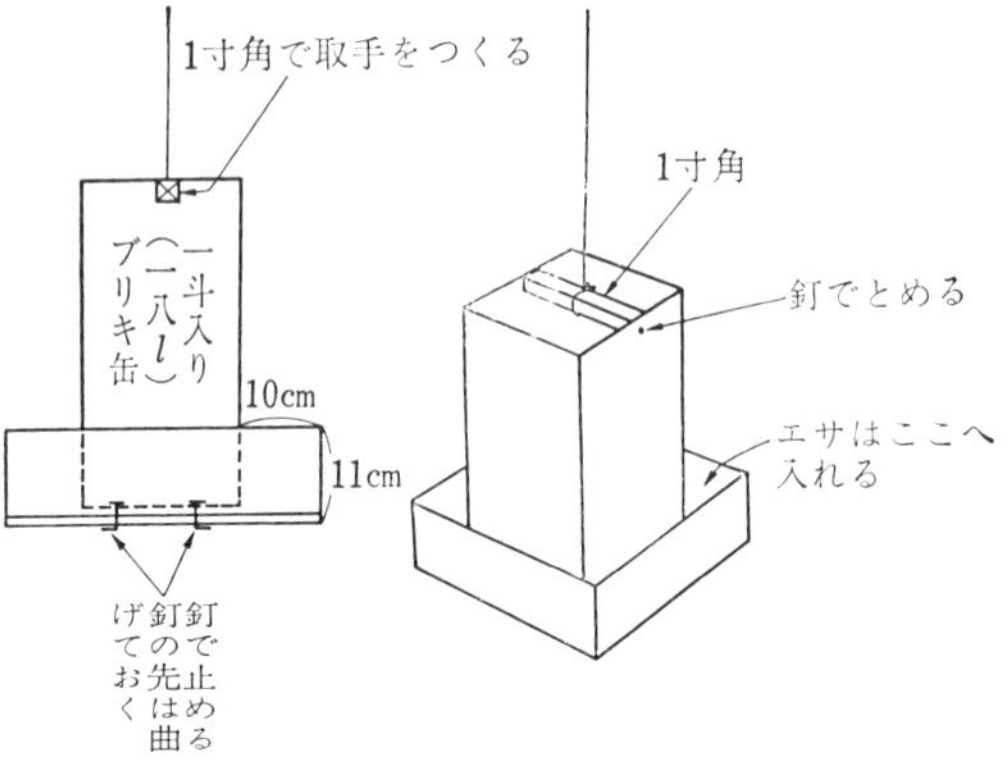

エサ箱

エサ箱は第45図参照。一斗（一八リットル）入りブリキ缶を利用してつくる。あき缶は菓子屋、乾物屋、豆腐屋（油の入れもの）などへ行けば無料でもらえる。図のようにブリキ缶の底を木の箱に打ちつけてつくる（または木箱とブリキ缶の底にそれぞれ錐《きり》と釘で穴をあけ、両者を針金でとじてもよい）。エサは矢印のようにブリキ缶の外側へ入れる。

一基で一五〜二〇羽の給餌が可能である。市販ホッパーは一台三〇〇〇円近くするので、一〇〇羽では一万五〇〇〇〜二万円もかかる。この手製給餌器なら、板と釘に費用がかかるだけで、一〇〇羽で三〇〇〇円もあれば足りる。板はいちばん安いもので我慢しよう。このエサ箱は木箱のふちの高さが鶏の尻の高さになるよう天井からつるす。そうすれば鶏がエサをかき出したり、箱の中へ糞を入れたりすることはない。また、止まり木が充分であれば夜間エサ箱に上がって寝るようなことはない。

産　卵　箱

産卵箱はどんな形、どんな大きさのものでもよいが、第46図のような寸法にすると、中に敷いたモ

第46図　産卵箱のつくり方

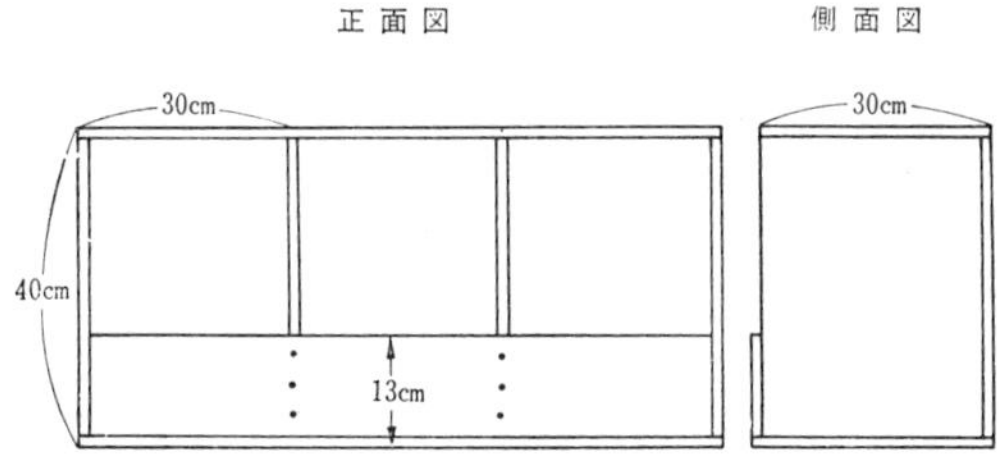

注）図は３室連続のもの（４室以上でもよいがあまり大きいと取扱いに難儀する)。100羽について９室ぐらいでよい。すなわち５本様式のもの３個を用意する。板は天井，底，背面は３分板。側面と間仕切は４分板を使用。

ミガラや切りワラを鶏が外へかき出さないし、鶏はこのぐらいの深さの箱を好む。箱の広さもこれ以上広いのは鶏が好まない。第46図の広さで鶏は一羽ないし三羽ぐらい入って卵を産む。巣外卵（産卵箱の外に卵を産むこと）はほとんどない。産卵箱が鶏の好む位置、大きさ、深さ、形をしていないと、鶏はしばしば巣外卵を産み、卵殻の汚れや損傷を招くことになる。

産卵箱の位置は、鶏が一応止まり木に上がってから箱の中へ飛び込む位置（第46図）がよい。鶏は外敵が寄りつきにくく、狭い場所に隠れて産むくせがあるので、あまり入りやすい所（たとえば土間に直接置く）はかえってよくない。

斜面の鶏舎および鶏糞の堆積

斜面に鶏舎を建てるときは、平らに掘り取ればこれに越したことはないが、あえてそうしなくとも斜面のままに柱を立ててもよい。ただしこの場合、高いほうから低いほうへ鶏が土を蹴おとしていくので、高い側のブロックが浮き出る心配がある。だから、高い側のブロックはかなり深めに入れておくとよい。

鶏糞が積もってくると、床はしだいに高くなり、天井は低くなってくるが（これを鶏糞堆積床という）、鶏が足かきで外へこぼしてゆくので、そんなに急速には積もらない（外へこぼれた糞はそこで雑草の肥料となる）。鶏糞はつねに取る必要はないが（邪魔にならなければ全く取らなくてもよい）、田畑へ施用するときは欲しいだけ取るのである。

3 放し飼いとは

生産者、消費者の別なく、私の養鶏を見にきた人の一〇人に一人は、さも意外であるかのごとく「なんだ、放し飼いだって聞いていたのに、柵《さく》があるじゃないですか」というのである。答えて曰く、「放し飼いというのは、ケージからの解放という意味です。ケージから解放して大地に放し飼いするということであって、全く柵なしで鶏を飼うということではありません。鶏を柵なしで飼えば鶏は四散し、畑の作物を荒らし、挙句の果ては野獣に食われてしまいます。柵は必要最低限の人工設備なのです」。

岩手大学の笠原教授の話によると、岩手県のある農家でクルミ林に鶏を柵なしで放し飼いにしたところ、二五〇羽の鶏全部が野獣にとられてしまったというのである。それで笠原教授は、私がどんな放し飼いをやっているのか見にきたと言われるので、私は以下説明するような「柵飼いの放し飼い」について現場を見てもらったのである。

鶏の運動場は土地利用のためにはないほうがよい、と私は「鶏舎」の項で述べた。それは鶏の運動のためにはなっても、広い土地が草一本生えないツルツルの大地と化してしまうので、緑草やカボチャは一株も利用することができないからである（ただしクルミなどの果樹は別。韓国京畿道の李櫕氏は、栗林の外郭に柵をつくり、一隅に屋根のある鶏舎を建て、約一〇〇〇羽の交雑鶏を放し飼いして

の　作　り　方

③　柵の内部に鶏舎を建てる。杭を打ち柱をしばりつけた掘立て小屋。スジカイをしっかりと。

①　予定地の外郭に杭を打ち柵の下ごしらえをする。杭の下部は太い竹でつなぐ。杭と竹はカスガイで止める。

④　屋根のもやは太い竹で。

②　杭に細い竹（長さ６尺）を針金でしばる。この竹を支柱に，太い竹を土台に金アミ（３～４尺）を張る。冬なのでまだ草は枯れている。

第47図 放 飼 場

⑦ 鶏舎の下部は竹の横棧を打ちつける(外敵からの防衛)。春になったので青草が出てきた。

⑤ 丸太と丸太，竹と丸太の接着はすべて釘とカスガイで。

⑧ でき上がり遠景。柵はよくわからないが，約120坪を囲ってある。

⑥ 竹のもやに波トタンを張る。竹の肉が厚いので釘はよく利く。

いる)。

⑨ 鶏（産卵1カ年をへた鶏）を30羽入れて1カ月，ほとんど草は絶えた。翌年はここに作物を作る予定。産卵は5割を切れている。ここには電燈がないからであろう（ここへ移すまでは点燈していた)。

⑩ 鶏舎内部の止まり木と産卵箱。

鶏の収容密度を、鶏舎の屋根の下で一坪（三・三平方メートル）当たり一〇羽にとどめておけば、運動場はゼロでも鶏は密飼いの障害はなく、薬剤なしで充分健康は保てるのである。

広い運動場（放飼場）＝自然飼育というイメージは誰でも描くのであるが、実際は一〇〇羽に一反歩（一〇アール）をあてても、それは鶏の自然飼育に充分な広さとは言いがたい。なぜならば鶏一〇〇羽は、一反歩の土地を一ヵ月足らずで開墾しつくし、草地はツルツルの大地と化してしまう。つまり、一〇〇羽に対して一反歩は狭すぎるということを意味する。ほんとうの自然飼育とは、ハトやキジが山野に足跡もつけずに、どこの草を食ったかわからないままで生息している状態でなければならない、と考えられるのである。運動場（放飼場）はなくても鶏の健康が保たれ、産卵にも支障がないということであれば、あえて一〇〇羽に一反歩を与える必要はないであろう。

だからここに掲げた放し飼いは、鶏の健康のためというより、実は荒地、草地を鶏に開墾させ、糞を落とさせ、大地を肥沃化させるねらいで行なったものである。やがて鶏をオールアウトした暁には、そこにトウモロコシや大麦をつくるのが目標である。

もちろんこの方式が「柵飼い放し飼い」の理想というつもりではなく、これは一例として参考までに掲げたものである。わかりやすくするため、第47図で説明し本文は省略させていただいた。

一〇、自家用養鶏を始めよう

1 誰でも取り組める

畜産物は薬づけ、魚介はPCBと水銀——せめて自分の食べるぐらいの動物タンパクは、安全なものを自分でつくったらどんなものか。ちょうど三〇年前までの日本の農家のほとんどがそうであったように——。自家用養鶏つまり二、三羽ないし五、六羽、多くても一〇羽ぐらいの庭先養鶏をここに提唱するゆえんである。

畜産物の自給を考えた場合、養鶏が最も手っ取り早くて、誰にでも即座に取り組める。設備も労力もエサも小回りが利いて、あまりめんどうがかからない。そしてそれを食用に供する段になると、大家畜の牛や豚では自分でと殺して食うことができないが、卵や鶏肉なら欲するときいつでも処理して食べることが可能である。

しかも鶏（ことに赤玉鶏）は雑食性に富むので、毒物でないかぎりあらゆるもののエサ化が可能である。農家ではいろいろなクズ物や残り物がたくさん出る。シイナ、クズイモ、クズ麦、売れ残りのダイコンやカブ、キャベツの外葉、タマネギやニンニクの葉、米ヌカ、麦ヌカ、残飯、イリコクズ、パンクズ、茶ガラ、カボチャ、キュウリ、ナス、スイカや柿の皮、そして雑草、ノコクズ……。鶏がいなければ捨てるしかない(大地への還元であっても)それらの残滓物を、まず鶏のエサとして利用し、鶏の腹を通してから糞にして大地へ還元する。鶏でなければなにがこれだけの残り物をことごとく利用できようか。

専作、専業というキャッチフレーズに踊らされて、多くの農家は自給態勢を失った。大地を保有しながら鶏卵はおろか、菜っ葉もイモもウリも買う。そしてそれらの購入野菜は、他の専作農家がたっぷり農薬を吹きかけてつくったものにほかならず、自らもまた単作メロンに農薬を浴びせて出荷しているのである。

農民が自給自足態勢を固めると、需給過程において(生産資材の供給も)うまい汁を吸う階層の利益につながらないから、あらゆる誘導をもって(農水省の補助・融資制度もその一環)専作化、単作化、大型化を押しすすめようとする。単作農民はキュウリ一本、鶏卵一個買うにさえ、多くの費用を間接的に農業用品メーカーや中間業者に支払わねばならないのである。

バカバカしいことである。そこに大地があって、一粒の種をまくか、一羽の鶏を飼いさえすれば、余分の代価を払わなくとも、キュウリも鶏卵も清浄なものを自由に自分の口へ入れることができるのに——。

2　自家用養鶏のやり方

では、自家用養鶏のやり方についてその概要を述べてみよう。

鶏　種

鶏種は白レグは庭先養鶏に不向きなので（「平飼い用の鶏種」一四九ページの項参照）、他の鶏種がよい。ことに交配種か赤玉鶏がよいと思う。へき地のため孵卵場が遠くて不便な場合は、自分で母鶏孵化を試みるか（種卵は種鶏場で求める）、または他の養鶏場から交配種の廃鶏（といっても、たった一年産卵しただけでお払い箱となる）を譲り受けて、これをもう二、三年庭先飼育する。自給飼料で開放、大地、日光など自然の恵みを与えると、充分とはいえないが結構まだ使えるものである（環境に慣れるまでしばらくかかることは覚悟）。

ヒヨコの入手

ヒヨコはせめて三〇羽ぐらいまとまらないと輸送中の保温がうまくゆかないので、孵卵場では小羽数は輸送してくれない。仲間をつくって共同で取り寄せるか、農協を通じてあっせんしてもらうとよい。

しかし、「庭先渡し」といって孵卵場まで出かけてゆけば一羽でも二羽でも、望みどおり分けてもらえるので、近くに孵卵場のある場合は直接受け取りにゆけばよい。その場合、段ボール箱を持参する。

ヒナの育て方

ヒナの育て方は、母鶏孵化なら親鶏まかせでよいが、孵卵場から買ったヒナは育すう箱で育成しなければならない。育すう箱は、「育成」の項で説明したものよりはるかに小さくてよく、リンゴ用木箱などの底を抜いて利用してもよい。温源電燈は三〇ワット一個（ただし七月、八月の育すうでは羽数が少ないので換気不良の心配がないために、換気用の電燈が不要）。飲水器もくだもの缶詰のあき缶で間に合う。

ヒナ管理のしかたは一〇〇羽の場合と同じであるが、エサは次のようにやるとよい。

この養鶏は将来もずっと自給飼料のみで飼育し、購入飼料は使わない方針でゆきたいので、初めから自給粗飼料に慣れさせる必要がある。餌付けはクズ米または玄米を菓子折（ブリキ製がよい）に入れておく。一週間ぐらいはそのまま、切れたら足してゆく。水は切らさぬようにやる。

一週間すぎたらあとは米ヌカやクズ米やイリコクズ、豆腐粕などなんでも手に入るものを、不規則でもかまわないので片っ端から混ぜ合わせて与える。エサを水で練ると腐敗のおそれがあるので、水は加えないほうがよい。ノコクズ発酵飼料を利用するときは練りエサでも腐敗しない。ノコクズ発酵飼料は小羽数なのでつくるのがめんどうと思われようが、しかし一度つくれば半年分でも一年分でも間に合う。あとはただエサの中へ混入するだけでなんの手間もかからない。

残飯、茶ガラ、くだものの皮、ダイコン、イモ、カボチャなどはそのまま放り込んでつつかせる。しかしこのうちイモやダイコン、カボチャなどはヒナが小さいうちは処理し切れないので、三〇日をすぎてから与えたほうがよい。雑草は初めから細切りにして多給する。またはひもで結わえて天井からつるしておく。

育すう箱が狭く感じられるようになったら鶏舎へ移す（幼・中・大すうバタリーは不要。鶏舎へ入れてヒナが固まっても、一〇羽以内ならムレることはない）。

成鶏のエサ

成鶏のエサは、なんでもよいから鶏の食うものを片っ端から与えてゆけばよい。もちろん、配合割合を考えないエサの乱調給与では、産卵速度の低下は必至である。だがこの養鶏では、残滓物の処理が生産効率の追求に優先する。タダのエサで得る卵だから、量の少ないことは我慢しよう。元来、卵というものは産みが少なければ少ないほど卵質がよくなるものである。昔の地玉子がうまかったのは、当時の地鶏がいちじるしく産卵が少なかったことに起因しているのではないか。おいしい卵を少し食ったほうが、まずい卵をタラフク食うよりも、はるかに身のタメになると思うがどうか。

もう一度くり返して言おう。自家用庭先養鶏は残滓利用が本命なので、エサに銭《ぜに》をかけてはならない。いわば無から有を生ずる養鶏である、輸入穀物ゼロの日に生き残れるのは、この養鶏をおいてほかにはないのである。

残飯が出れば残飯を与えればよい(残飯の水分が多すぎれば米ヌカをまぶして与えよう)。クズイモやパンクズが出れば、土間に放り込んでやればよい。くだものや雑草も同じ。

要するに、鶏の口に入るものならなんでも、あるとき勝負で給与する。戦前の農家庭先養鶏は、だいたいこういう飼い方をしていたのである。私の記憶するところでは、古鍋に麦ヌカを入れて水を加え、棒でかき回して、おばあさんが鶏小屋へ持ってゆく。あとは、あるとき勝負の煮干しの出しガラ、キュウリのタネ、スイカの皮、カンショの切り端、クズ米、クズ麦、そして雑草を(ときには子供にミミズを掘らせて)鶏小屋へ放り込む。こういう不規則な飼い方でも、鶏は(いまのように多産改良されていなかったが)年間八〇〜一〇〇個くらいの卵を産んだのである。いまの鶏なら同じ不規則給餌法でも(残滓もバラエティに富み、かつ豊富に出るので)、昔の倍近くは産むであろう。

鶏舎

鶏舎は外敵予防と、鶏の四散を防ぐために必要である。昔は庭先に放し飼いされているような風景もみられたが、いまではそんな牧歌的な飼い方は通用しなくなった。このごろは野良ネコや野良犬や野生のタヌキがふえてきたし、そういうもののいない近郊農村や中間地帯では、付近の住民から放し飼いへの苦情が出るに違いない。それでなくても鶏は、まいた畑の種を掘り返したりするので、一応は鶏舎らしき囲いの中へ収容すべきである。

第48図　庭先養鶏の鶏舎の一例

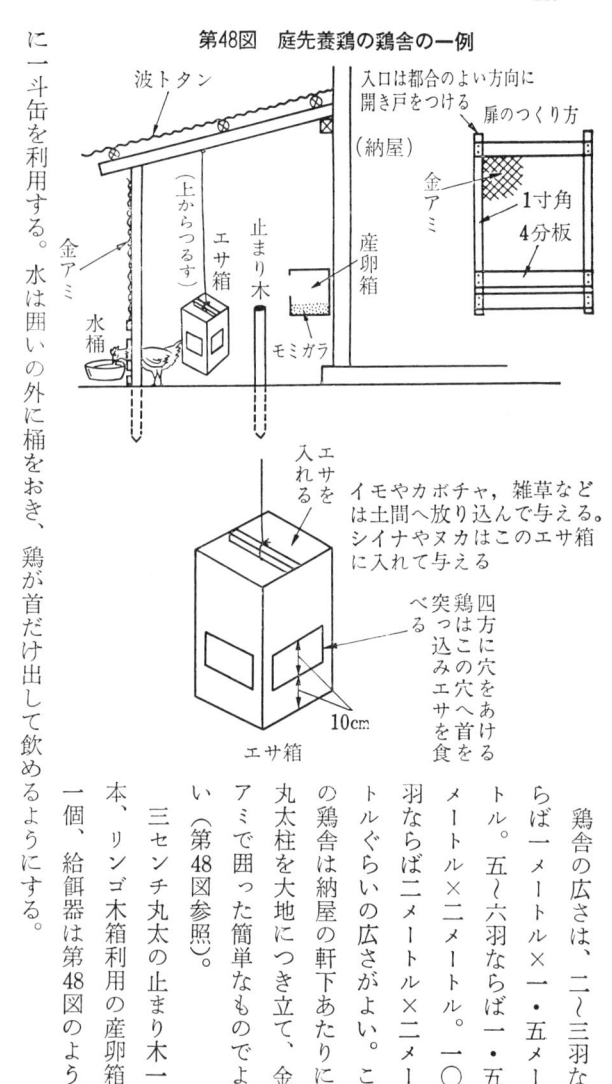

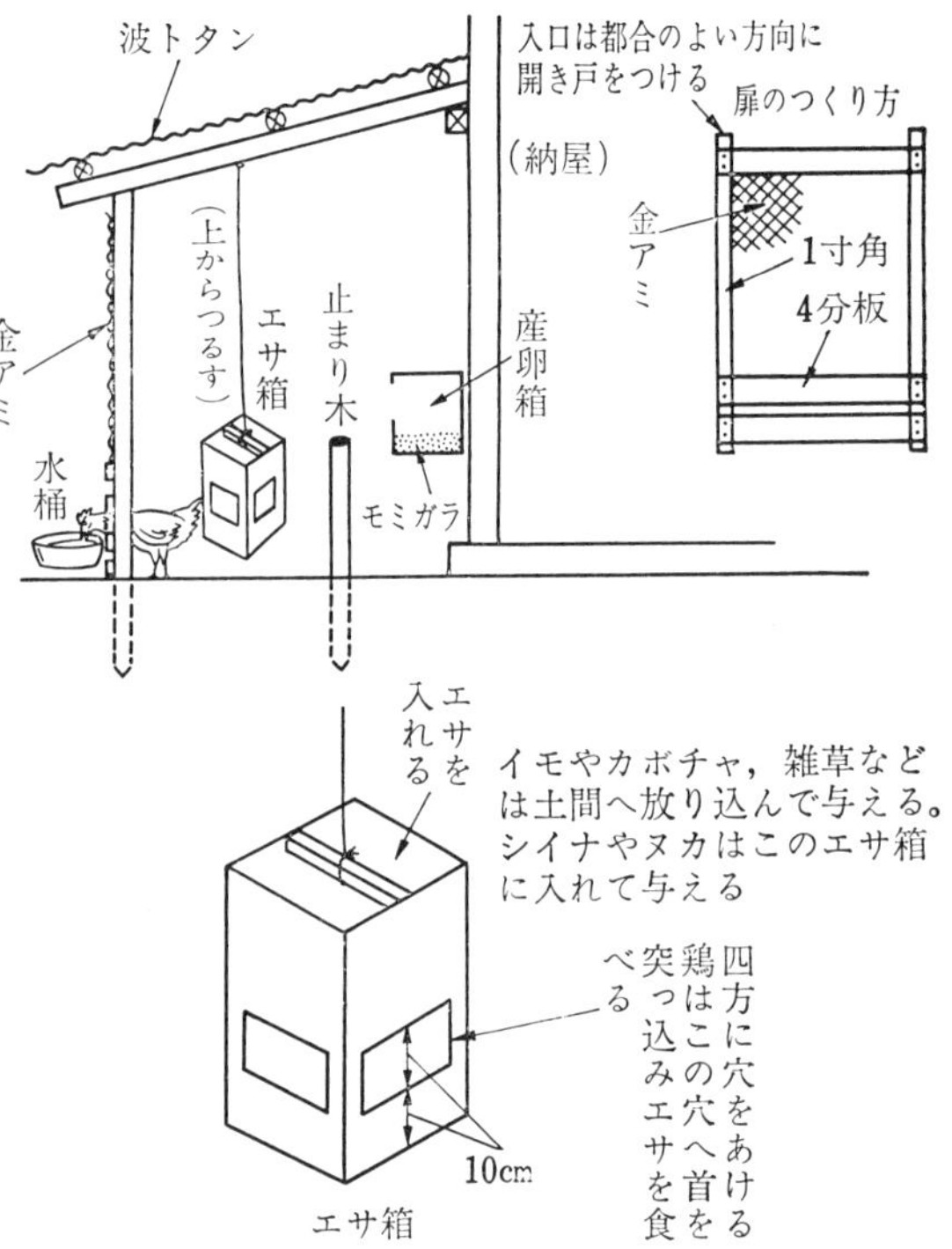

鶏舎の広さは、二～三羽ならば一メートル×一・五メートル。五～六羽ならば一・五メートル×二メートル。一〇羽ならば二メートル×二メートルぐらいの広さがよい。この鶏舎は納屋の軒下あたりに、丸太柱を大地につき立て、金アミで囲った簡単なものでよい（第48図参照）。

三センチ丸太の止まり木一本、リンゴ木箱利用の産卵箱一個、給餌器は第48図のように一斗缶を利用する。水は囲いの外に桶をおき、鶏が首だけ出して飲めるようにする。

卵の自家消費を目的とする養鶏では、家族一人当たり一羽あれば充分、小家族で二、三羽、大家族で五、六羽というところか。一〇羽も飼えば卵の食べすぎになるので、これは土産や見舞などの贈答品に使用するための羽数ということになる。

むすび

「中東紛争」と「異常気象」は、石油と穀物の輸入がつねに安泰ではあり得ないことを示唆した。もちろん政府のいうように、備蓄もあることだから「冷静に対処しなければならない」のであるが、しかし冷静に対処するということは、「平気で浪費を続ける」ということではないはずである。中東紛争と異常気象は、急にいま危機がやってきたということではなくても、少なくともそれは将来への警鐘として受けとめねばなるまい。いつなんどきこれに類したことが起こり得るかもわからないという戒め、他国の資源に寄りかかっていることが、イザ鎌倉というときどんなに危険であるかを、われわれはこの際肝に銘じておく必要がある。

いまこそ養鶏も、大型化、工業化への傾斜がいかに危険であるかを深く反省し、イザ鎌倉というときへの対策を今から用意しなくてはならないのである。将来への展望に誤りなきことを諸賢に望むしだいである。

増補

＜自然卵養鶏法の再確認＞

○自然卵と〝特殊卵〟とは根本的にちがう

〝特殊卵〟は近代養鶏が大部分

わが国の養鶏が（飼育羽数の大小を問わず）すべて近代化ケージ養鶏によって席捲されていた昭和四十年代後半から五十年代前半にかけては、これに拮抗する別形態の養鶏がほとんどその影をみせていなかったので、われわれの自然卵養鶏の台頭は、まさに暗夜の灯の如く消費者に歓迎されたのであった。

しかし今や情勢は変わった。大型ケージ養鶏（一〇万～一〇〇万羽単位で飼育）が招いた卵の洪水と泥沼卵価に悲鳴をあげた中小養鶏業者（数千～数万羽飼育）が、せめてもの活路を求めたのがいわゆる特殊卵（または差別卵、銘柄卵ともいう）の開発であった。〝〇〇卵〟だとか、〝××卵〟だとかいう銘柄をつけた特殊卵はその数一〇〇を超え、あらゆるデパートやスーパーの卵売り場には、値段が高くてさもよさそうな卵が目白押しに並んで、消費者の眼を惑わせているのである。

この状況下で、いま自然卵を始めようとする人は、おそらく卵の販路に苦慮されるにちがいない。

われわれは、あふれる差別卵の中でさらなる差別をつけなければならないのだろうか。

この種の特殊卵養鶏は、大型養鶏に反旗を翻すというゼスチュアを見る限り、われわれ自然卵養鶏の陣営に属しているように思われる。だが、よくよく眺めてみると残念ながら彼らの大部分は、たんに特殊卵の皮を被っているだけで、その実近代養鶏の同類にすぎないのである。たった一つか二つのユニークな方法――たとえばある種の添加物を投与するとか、ビタミン剤を多給するとかして、これを差別のタネに途方もない付加価値をつけただけであって、その正体は、ケージに閉じこめたままであったり、平飼いでも密飼いであったり、嘴を切ったり、オール完配であったり、緑餌を与えなかったり、抗性物質、抗菌剤のお世話になったり……。

もし「そういうゴマカシは断じてない」と言い切る業者があるならば、それは正真正銘われわれの同志にほかならず、共に手を携えて大型商社養鶏打倒に邁進すべきである。

本当の自然卵養鶏とは

それでは、差別卵の中の差別卵、いうなればまことの自然卵とはどんなものか、もう一度念のため確認してみることにする。

自然卵とは、「自然の恵みを充分鶏に与え、薬剤不要の健全な母鶏から産まれる卵」をいう。「薬を与えず、自然を与えよ!!」これがわれわれの合言葉であった。「自然の恵み」とは、具体的にいえば空気、日光、水、大地、緑草である。これら自然の恵みを充分与える飼育管理方法は、概ね次の

「自然卵一〇の条件」に集約される（ここでは項目のみ列挙した。内容は本文32〜148頁、184〜198頁、237〜241頁を参照されたい）。①平飼い、②開放、③小羽数、④薄飼い（坪当たり七羽くらい、一〇羽が上限）、⑤粗飼料（ノコクズ発酵飼料など）、⑥自家配、⑦自家労力、⑧低成長育成、⑨腹八分給餌、⑩八分目産卵、である。

以上一〇の条件の中で、消費者が問題とするのは「平飼い」と「自家配」が中心であるが、平飼いや自家配の中にも大羽数や密飼い、密閉、緑餌無しがあるので、一〇の条件はすべて差別の中の差別をつけるために、自然卵に欠くことができないものばかりである。

なお、一〇の条件を守って養鶏を行なうと、小羽数でもかなりの多忙を余儀なくされるはずである。その中でも特に、かさばる緑草多給と、練り餌を必須とする発酵処理とは、大羽数では到底持続不可能の作業である（一〇〇〇羽が上限）。差別の中で差別をつけるには、この手間のかかる前近代的手作業飼育が最も有効と思うのである。いうまでもなく、緑草と発酵飼料とは卵質向上の最大要素である。緑餌は卵に多様のビタミンを付与し（本文49頁）、発酵飼料は卵白のハウユニットが高くなり卵の日持ちがよくなり、卵黄のコレステロール値が低くなる（本文130〜132頁）。

「鶏病予防のため立入禁止」はかくれ蓑

まことの自然卵を生産しているなら、消費者に対して「いつでも実地を見てほしい」と言える姿勢が望まれる。見にこられてこまるのは、決して鶏舎の柱が曲っていたり、軒が傾いていたりすることではない。鶏舎は立派でも、ギュウ詰めの鶏が呼吸を荒げている状態を見られることである。ある平飼い大養鶏場では見学コースが設けてあり、そこだけ自然飼育らしくみせて、実際に出荷するのは遠い別の鶏舎の卵だという。また養鶏場の入口に「鶏病予防のため立入禁止」の札を立てている平飼い養鶏もある。たかが消費者の足裏にくっついた細菌で、伝染病にやられてしまうようなヒ弱な母鶏から産まれる卵こそ、消費者は問題とすべきである。「鶏病予防のため立入禁止」は、実は見にこられてはこまる養鶏場のかくれ蓑《みの》であると思うのだ。

卵殻の色でなく飼い方が問題

近年、赤玉鶏雛の餌付が急増しているという。これは、卵殻色だけで差別をつけようとの意図かと思われる（それに呼応して赤玉鶏は、ケージ向きに小軀、早多産へと育種改良が進んできた）。卵殻色は白であろうと赤であろうと、飼育形態が同じなら、内容に差別はないのである。このことを、消費者によく徹底しておかないと、やがて赤玉の氾濫に泣かねばならないときがくるであろう。

○自然卵五〇〇羽養鶏なら二〇万戸必要になる

〝卵の洪水〟＝〝泥沼不況〟も、見方を変えれば「卵は物価の優等生」ということになる。他の農産物が怒濤の輸入攻勢に悲鳴をあげている中で、卵だけは超低価格で輸入を阻止し、安泰を保ち続けているのである。したがって大型養鶏は泥沼不況を招いた元凶であったと同時に、輸入卵をくい止める防波堤の役割をはたしてきた功労者でもあったのである。

だがわれわれは、もしこの防波堤が崩れて外国卵がなだれ込んできたとしても少しもこまらない。われわれにとっては、国産であろうと外国産であろうと、反自然卵の洪水は同じことであって、ほんとはそういう卵が溢れていればいるほど、自然卵はよく売れていくのである。産地の内外を問わず反自然卵の洪水は、むしろわれわれにとって歓迎すべき現象でなければならない。

にもかかわらずわれわれは台頭以来、「自然卵養鶏が一戸でも増えれば、その分確実に大型養鶏を駆逐することになる」と主張し続けてきた。歓迎すべきものを駆逐するのは「矛盾」であるが、しかしわれわれはわが国の民族が抗性物質や抗菌剤の移行した卵を食べ続け、そのため生ずる耐性菌によって感染症に倒れていくのを坐視することはできない。一羽でも多く大型養鶏の鶏を駆逐しなければならない所以《ゆえん》である。

もしも自然卵養鶏がすべて大型養鶏にとってかわると仮定すると、自然卵五〇〇羽養鶏が二〇万戸必要になる。前途は展けているとみて誤りはない（われわれにとって当面《いま》問題とすべきは、この項で述べた差別卵だけと思われる）。

＜飼料と給与方法をめぐって＞

○新しい「発酵飼料の効用」（本文128〜133頁「発酵飼料の効用」に追加）

①発酵菌が生きたエサに転化

鶏は生餌でないと命を保つことができないが、発酵飼料は火で処理して殺してあるエサを生きたエサに転化することができる。残飯やオカラを発酵させると、それに繁殖する菌（微生物）が生きたエサとなるのである。

②菌体タンパクで魚粉を減らせる

発酵飼料に繁殖する発酵菌（微生物）は菌体タンパクという動物性タンパク質である。キジが好んで食べる山の腐葉土も、同じ菌体タンパクである（本文78頁参照）。山の腐葉土（落葉の下の黒土）をフルイにかけてこれを原菌とし、中種（121頁参照）をつくることも可能である。

腐葉土約一リットルを原菌として、本文122頁16図の材料を加えてかき混ぜ、同じ要領で仕込む。あとは中種一リットルから次の中種をつくってつなげていけば、再び山で採取しなくともよい。

動物タンパクとして魚粉が多く利用されているが、もともと魚は鶏の食性ではないし、魚を多給すると卵が生臭くなる。そこで菌体タンパクを利用し魚粉を減らすと（本文103頁の第七表の動物タンパク四・三％を二・三％程度に減らしてよい。なお、菌体タンパクはエサを発酵処理すれば自然に発生するので、タンパクとして加算する必要はない）、卵が消費者好みの淡白な味わいとなる。

○変幻自在の配合で何でもエサに利用（本文78頁「鶏のエサを考える」に補足）

鶏は雑食性の動物である。もちろん雑食といっても食性による制限はあるが、人間と同じく幅は広くたいていのものは食下する。そして雑食動物の特性として、人間もそうだが同じものを食べ続けるより変わったものが食べたいという性向がある。今日もコロッケ明日もコロッケでは飽きがくる。だから鶏のエサ配合も、いわば日替りメニューでさしつかえないのである。もっとも日替りにこだわると、かえって献立がむずかしくなるので、従来の自家配（これは五目飯みたいなもので雑食性に合致している）でもさしつかえない。ようするに固定配合にとらわれず、近辺で入手容易なものをかたっぱしから利用し、また季節で変動があればそれにしたがい、変幻自在の配合を行なってもさしつかえないということである。ただし配合の基本は（本文103頁第7表よりやや粗食になるが）穀類四〇％、ヌカ類四〇％、その他（タンパク、無機物＝カルシウム、緑餌など）二〇％の割合にする。

○発酵飼料にはモミガラを積極活用（本文125頁「第17図」を補正）

第17図の、ノコクズ四袋の半分をモミガラに替えるとよい。モミガラはその形状、大きさ、センイの硬さなど、筋胃中での消化活動によく適合しているので、積極的に活用したい。秋のモミすり時期に一カ年分を確保しなければならないが、その保管は、上部をビニールで覆えば野積みでもさしつかえない。

○小石は餌付けから必須（本文117頁「第8表」に追加）

鶏はノコクズ、モミガラ、緑草等のセンイと小石（角のある花崗岩の砕石がよい、建材店にあり。大きさは四ミリが適当。昔は茶碗などを砕いて与えた）とによって、筋胃の中でエサを磨《す》り潰す。第8表「成鶏自家配応用例」に「小石若干」を追加する。配合割合の計算には入れず別途支給とし、その量は一〇〇羽につき一日大さじ一杯ほど。

小石は育すうにも必須で、餌付け当初から若干（一〇〇羽に二cc程度）をバラまいて与える。ヒナ用には一ミリの大きさがよい（建材店で規格別に売っている）。

○春の産卵抑制の方法と休産時の飼料給与

需給調整のプール（問屋）を持たない産直販売では、春の多産期、卵があまってこまることがある。このとき、卵のはけ口を求めて消費者をふやすと、秋、卵不足となったとき、せっかくの顧客を断わらねばならぬはめとなる。

これまでの常識では、春の繁殖期に絶食休産させようとすると、鶏は身を削って産み続け、やがてやせ衰えてダウンするといわれてきた。しかし実験してみるとそのおそれはなく、絶食開始から六日目で卵は必ずゼロになる。そして一羽の故障も起らないのである（ただし春は一〇日絶食しても換羽には入らない。たまに首や背中に部分換羽は見られるが）。

春の産卵抑制方法

産卵抑制の対象となる羽数（なるべく老鶏）を部屋ごとに一〇日間絶食（給水は行なう。また空腹のつつきを防止するために、時折緑草を土間へ投げ入れてやる）すると前述のように六日目から完全休産が実現する。

休産させると損失を招くように思われるが、鶏は必ず代償産卵によってのちに取り返しを行なうので、マイナスとはならない。それどころかこの鶏群は、秋から冬への寡産期に他の鶏群よりも多く長く産み続け、しかも卵殻は固く、色も濃くなり、奇形もなくなるので、むしろプラスとなる公算が大きい。

休産時の飼料給与法

休産を長く持続させるときは、一〇日間絶食後次のように餌付けする。一日目米ヌカ一羽当り三〇グラム、二日目米ヌカ五〇グラム、三日目米ヌカ七〇グラム与える。

そして、四日目から米ヌカ一〇キロ、オカラ（生）一三キロ、ノコクズ発酵飼料中バケツ（一〇リットル）一杯、カキガラ二握りを混合して発酵させたものを、毎日産卵期給餌量の三分の二を与え続ける（これは私の場合であるが、これにとらわれず、タンパク、カロリーが控えめであれば、材料はなんでもよい）。このエサ程度の質と量であれば、鶏は個体維持が精一杯で卵は産めないはずである。

産卵再開の方法

休産を終わり、卵が欲しくなったら、もとの産卵用飼料にもどし、鶏の摂取量に応じて与える。が産卵再開には一カ月近くを要するので、産卵の再開をもっと早めたければ、産卵飼料への切り替えを早く行なえばよい。

○冬の緑餌用サイロのつくり方

増補第1図参照。

増補第１図　サイロの作り方

雑草、イモヅル、ダイコン葉などカッターにかけ、箕一杯の材料に米ヌカをご飯茶わん１杯ほどまぶしてサイロに詰め、足で踏みしめ満杯にする。落としブタをし上に重石をおく（重石は１斗缶に水を入れてもよい）。サイロに水が上がったら重石は軽くする。冬場の緑餌として使用する。

なお、鶏用カッターはいま製造されていない。牛用のものを切り幅１㎝に改造して用いるか中古品をさがす。

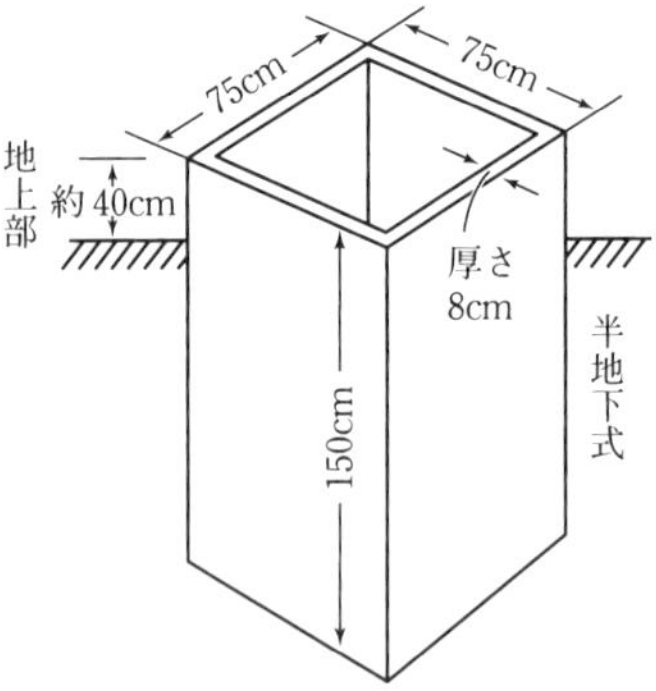

②角型サイロ（型枠コンクリート利用）

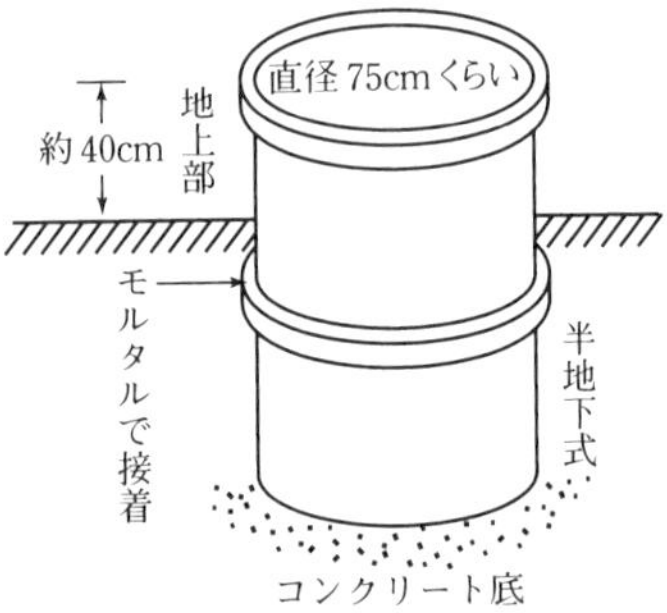

①丸型サイロ（ヒューム管または土管２個をつなぐ）

角型サイロ（サツマイモヅルを切断して詰めてある）

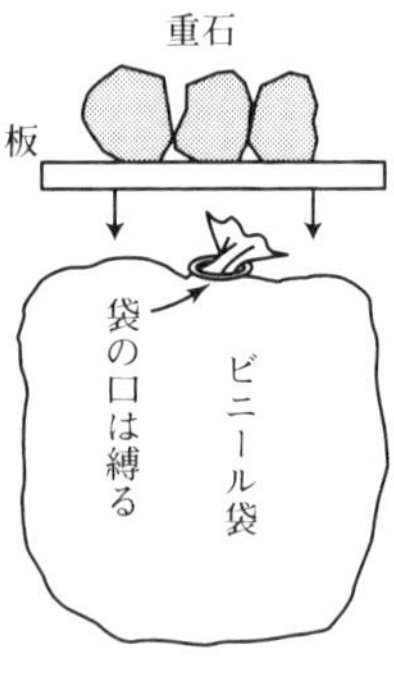

③即席ビニール袋利用型
室内に置く

＜育すう、飼い方、病気、消毒＞

○無消毒育すうで五〇年間失敗なし（本文171頁「初生ビナ」に追加）

育すう箱の掃除・消毒は行なわないほうがよい（バタリーや成鶏舎も同じ）。ヒナが環境に存在する微生物に早く馴れるためである。良性（有効）微生物との共生に適応し、悪性（有害）微生物はそれを摂取することによって免疫をつくるワクチンの代りとなる。環境を徹底消毒すれば（それが可能かどうかはこのさい論外とする）有害微生物だけでなく、有効微生物も皆殺しとなり、ヒナは環境微生物への順応（対応）を養う暇もなく、箱入娘の軟弱体質に育っていくのである。ちなみに私は無消毒育すうで五〇年間一度も失敗したことがない。

○育すう箱の温源は二個に（本文172頁「第26図①」の訂正）

第26図①手製簡易育すう箱では、温源の電球が一個になっているが、これを二個にしてワット数を一段下げる（たとえば五〇ワット一個を四〇ワット二個にする）と、適温地帯が広くなるし、万一電球が切れたときも二個ならば安全である。

○育成バタリーか平飼い育成か

バタリーは反自然であるから、ずっと平飼いでいくべきであるとの見解がある。しかし平飼いでも、一〇羽を超えて数十羽から数百羽を一群とする形態もまた反自然であることは論をまたない。

ではどちらがより多く反自然か。それには「自然が答えを出す」。すなわち、自然は「コクシジウムの発症」という形で答えを出してくるのである。小群のバタリー育成ならば、移したその晩ヒナを観察に行く必要はないが、平飼い大群育成ではよほどのベテランでも夕方の密集に手をやくのである。そして、密集のあとはコクシジウム、という図式をまぬがれることはできない。

増補第２図　温源を２個にした育すう箱

○鶏を移動するときの注意

育すう箱からバタリーへ移すときは、全群を一度に行なっても支障はおこらないが、大すうバタリーから成鶏舎へ移すときは、一度に全群を移すと、その晩密集障害がおきるおそれがある。この場合毎朝一〇羽程、数日に分けて移していくと、順次止まり木に上ることを覚え、伝えて、混乱は起らないのである。なお、できれば午前中早くに移して、新しい環境に馴れる時間を多くとりたいものである。

○点燈は九月上旬から二月までで可（本文199頁「(2)点燈のやり方」の訂正）

本文では、点燈は明るい時間一五時間となるようにと述べているが、一五時間を割って春は三月上旬に点燈をやめ、秋は九月上旬に点燈開始しても産卵にそれほど影響はない。なお九月〜二月までの点燈期間中は、朝は四時に点燈して薄明りで消燈、夕方はやや明るい時刻に点燈して六時に消燈する。鶏は朝の目覚めはよいが、夕方は電燈で明るくしても就眠に入るので、六時以降は必要ない。

○鶏糞による健康診断―正常便と異常便―

正常便　エサにもよるが濃灰色で、三分の一くらい白色なのがよい。白色部分はタンパク尿といい、タンパク質の摂取が多ければ白色部分も多くなる。タンパク質給与の目安にする。硬さは触れてもくっつかない程度の固型。

盲腸便　鶏は一日に一〜二回チョコレート色の軟便をするが、これは盲腸から出る正常便である。

軟便または水様便　鶏は大小便の区別がないので、水を多量に飲むと軟便や水様便となる。エサの塩分過多または酸性体液となったときに多量の水を飲むので軟便となりやすい。

血便、緑色便、白色粘便、肉様便等　これらは病鶏の糞である。病原を正確につきとめるには、家畜保健所で検便しなければならない。

○「産卵低下症候群」について

新種のウイルスが輸卵管に繁殖する病気で、鶏は外見健康状態のまま産卵だけが低下する（五割～三割に）。時に軟卵や奇形卵がみられることもある。家畜保健所によると、ワクチンはあるが治療法はないとのこと、通常一〇～一五日で自然治癒し、一度かかると免疫ができて翌年はかからない。そのため、主として若メスが晩秋から初冬にかけて発症するケースが多い。

○産卵箱の敷物（235頁「産卵箱」のあとに追加）

産卵箱の敷物には、切りワラ、モミガラ、ノコクズ、古飼料袋（二ツ切りにして敷く）、新聞紙（四～五枚を箱の大きさに折る）が利用できる。

○「ゴトウ一二一」は「ゴトウ一三〇」に（本文151頁「ゴトウ一二一」の訂正）

昭和五十五年頃は「ゴトウ一二一」と称したが、現在は「ゴトウ一三〇」に名称変えとなっている。

通称「もみじ」ともいう。（後藤孵卵場　電話番号〇五八二―五一―二三三一）

＜販売、経営など＞

○卵価の考え方と設定

ほとんどの農産物は自分で値段をつけて売ることができないが、自然卵はそれが可能である。だからといって値段の設定が全く無制限ということはあり得ない。やはりそれなりの市場原理支配は避けられない。自然卵といえども卵同士の競合のみならず他の食品との競合も常に背負わなければならない（あまり高ければ他の食品で代替）。では自然卵のこれまでの手取り卵価はどのくらいか、北海道から沖縄まで一番多いのが一個三〇円（一キロ四五〇円）の価格である。なかには一個四〇円、五〇円で売っている人もいるが、これは金持階層に恵まれた一部の地域の人びとである。年金生活者や低所得層の人達にも食べられる値段が一個三〇円であろうか。私の経験（数百羽）では、一個三〇円ならば、エサ代を安上がりにして（一日一羽三円以内）年平均六六％程度の産卵率でいけば、どうにか最低生活が保証される。

卵価を高くして、自らの生活を豊かにすることはよくないとはいえないが、最低生活を越えて贅沢をするということは、資源の浪費や環境の汚染につながるし、そうかといって儲けた金を貯金にすれば、これを企業が借り出して公害産業に投資する。余剰の儲けに走らず、等身大の生産と等身大の暮しで我慢するのが自然卵養鶏の本旨であると思うのだが——。

○有精卵とその販売

有精卵と無精卵とは栄養学上有為差がないといわれている。だが、あるいは有精卵には学問のおよばない未知要素が含まれているかも知れず、それを信じている消費者の要望があればオスを入れてもよい。オスの数は少なくともメスの一割は必要である。オスの割合がこれより少ないと無精卵が多くなる。オス一割でも授精率は平均八五％程度であるが、卵一〇〇個のうち八五個が有精卵であれば、一五個が無精でもウソつき食品とはならないので（日本鶏卵協会では八五％まで）、参考のため。

有精卵の取引については、事前に消費者と次のような契約を結んでおくとよい。①有精卵は夏場気温が三五度前後になると孵化活動に入り、黄味が崩れ始めるのでこれに対し苦情を言わないこと。②オスを入れると一〇％密度が増し、一三％エサ代が多くなる。さらに交尾でメスの背中が傷つくことがあったり、オス同士の闘争でオスがいたんだり、激しい気性のオスにメスが恐れて止まり木から降りなくなるなどリスクも多いので、少なくとも卵を二〇％は高く買ってもらうこと。

増補第3図　間伐材を利用した鶏舎

地域の未利用資源を活用すれば資金をあまりかけずに始められる。

○脱都市、就農者の方へ

新規就農には養鶏からはいるのがてっとりばやい。借地で始めればあまり資本がかからないし、半年後には卵を産み出し、日銭が入る（他の農産物は年に一～数回の収穫だが卵は毎日収穫）。資金の回収も、設備に金をかけず、できるだけ残物や未利用資源をエサに活用すれば、一年くらいで完了する。しかも鶏糞を一〇〇％使用すれば、化学肥料も農薬もなしで作物を育てることが可能。

著者略歴

中島　正（なかしま　ただし）

大正９年岐阜県生まれ
陸軍工科学校卒業
戦後郷里にて農業に従事
昭和29年菅田種鶏組合結成
昭和48年種鶏より採卵養鶏へ転換
現在菅田養鶏組合長
現住所　岐阜県益田郡金山町菅田

増補版　自然卵養鶏法

1980年12月15日　第１刷発行
2000年５月10日　第21刷発行
2001年６月30日　増補版第１刷発行
2025年10月10日　増補版第15刷発行

著　者　中　島　　正

発行所　一般社団法人　農山漁村文化協会
郵便番号　335-0022　埼玉県戸田市上戸田２-２-２
電話　048(233)9351(営業)　　振替00120-3-144478

ISBN978-4-540-01122-1
印刷／藤原印刷
製本／根本製本
定価はカバーに表示